Christian Henzler

Exploring Families of Functions with GeoGebra

Ein bilingualer Unterrichtsversuch, Klassenstufe 11

GRIN Verlag

Bibliografische Information der Deutschen Nationalbibliothek:

Die Deutsche Bibliothek verzeichnet diese Publikation in der Deutschen Nationalbibliografie; detaillierte bibliografische Daten sind im Internet über http://dnb.d-nb.de/ abrufbar.

Impressum:

Druck und Bindung: Books on Demand GmbH, Norderstedt Germany
ISBN: 978-3-640-83656-7

Dieses Buch bei GRIN:

http://www.grin.com/de/e-book/166969/exploring-families-of-functions-with-geogebra

Staatliches Seminar für Didaktik und Lehrerbildung
Heidelberg

Fachbereich Mathematik

Dokumentation einer Unterrichtseinheit

Bilinguale Ausbildung

Thema: Exploring Families of Functions with GeoGebra –
Ein bilingualer Unterrichtsversuch

eingereicht von: Christian Henzler

eingereicht am: 12. Januar 2009

Betreuer:

Inhaltsverzeichnis

Kapitel 1

Vorüberlegungen

1.1 Einleitung

In den letzten zwei Jahrzehnten sind eine Vielzahl neuer Softwareprogramme für den Mathematikunterricht auf den Markt gekommen. Die meisten dieser Programme sind jedoch entweder dynamische Geometriesysteme oder Computeralgebrasysteme[1] (vgl. [6]). Dynamische Geometriesysteme (wie beispielsweise Cinderella) geben die Möglichkeit elementargeometrische Gebilde so zu bewegen, dass die gegenseitigen Lagebeziehungen erhalten bleiben (vgl. [7]). Oft fehlt diesen Programmen die Möglichkeit, eine algebraische Darstellung in Form von Gleichungen, Koordinaten oder Ähnlichem anzeigen zu lassen, welche dann in einem Algebrafenster erneut modifiziert werden können. Den dynamischen Geometriesystemen stehen die CAS gegenüber. Diese Programme sind dazu prädestiniert, algebraische Strukturen einzugeben. Sie veranschaulichen darüberhinaus sogar die algebraischen Objekte in geometrischer Weise, lassen jedoch in der Mehrheit der Fälle keine Veränderung am geometrischen Gebilde selbst zu. GeoGebra, dagegen ist ein Programm, welches eine bidirektionale Verknüpfung zwischen Geometrie und Algebra zulässt (vgl. [7]). Bidirektional bedeutet hier, dass zum einen algebraisch eingegebene Objekte nachträglich auf dem Zeichenblatt in geometrischer Weise verändert werden können und zum anderen geometrisch eingegebene Objekte im Algebrafenster variiert werden können.

Da die Schülerinnen und Schüler[2] Schwierigkeiten mit den unterschiedlichen Darstellungsformen von Funktionen haben (vgl. [3]) entscheide ich mich für die Erforschung von Parameterfunktionen und deren Kurvenscharen mit GeoGebra. Da sich dieses Programm durch seine intuitive Bedienung in besonderem Maße auszeichnet, kann davon ausgegangen werden, dass die Schüler in schneller Zeit die Basisfunktionen des Programms für die Analyse der Zusammenhänge von Funktionsgleichung und Schaubild nutzen können.

Gemäß Bruner (vgl. [10]) lässt sich Wissen *enaktiv* durch Handlungen, *symbolisch* durch Zeichen und Sprache und *ikonisch* durch Bilder am besten aneignen. Dies wird auch unter dem operativen Prinzip verstanden. Zufolge Hohenwarter (vgl. [7])

[1] im folgenden mit CAS abgekürzt

[2] der besseren Lesbarkeit werden im Folgenden mit Schüler immer die Lernenden beiden Geschlechts bezeichnet

lässt sich enaktives, symbolisches und ikonisches Lernen auf einzigartige Weise mit dem Programm GeoGebra verknüpfen. Über die Tastatur können enaktiv algebraische Objekte eingegeben werden, welche dann in symbolischer Form angezeigt werden. Automatisch erfolgt auch eine simultane Translation in die ikonische Darstellungsweise, welche auf dem Zeichenblatt gekoppelt sichtbar wird. Hier können nun enaktiv mit der Maus die ikonischen Darstellungsformen verändert und den jeweiligen Bedürfnissen angepasst werden. Selbstverständlich ist auch der umgekehrte Weg zunächst über Maus und dann über Tastatur möglich.

In Studien konnte gezeigt werden, dass Schüler, sofern sie GeoGebra rudimentär verstanden hatten, auch ohne gezielte Arbeitsaufträge die Software für die Nachbereitung des Unterrichts nutzten (vgl. [7]). Ein Schüler schrieb in einem Fragebogen von Hohenwarter: „Wenn man sich ernsthaft mit diesem Programm auseinandersetzt, hilft es einem echt im Matheunterricht gut mitzukommen" (vgl. [7], S. 260).

In diesem Sinne hoffe ich, dass die Schüler auch nach dieser Unterrichtseinheit häufig auf das Programm zurückgreifen, um die Brücke zwischen der ikonischen und symbolischen Welt der Mathematik leichter schlagen zu können.

1.2 Bilingualer Unterricht

1.2.1 Begriffsbildung

> „Wenn wir in Deutschland von bilingualem Unterricht sprechen, dann meinen wir damit nicht - wie etwa die Kanadier - einen Unterricht, in dem zwei Sprachen gleichberechtigt nebeneinander existieren. In unserem schulischen Kontext ist der Begriff bilingual immer mit einem ganz bestimmten Sachfach verbunden" (vgl. [9], S. 12).

Der Begriff *bilingual* ist in diesem Zusammenhang vielleicht ein wenig irreführend. Betrachtet man die im englischsprachigen Raum benutzte Abkürzung *CLIL* und deren Ausformulierung *Content and language integrated learning* so wird klarer, dass es sich beim bilingualen Unterricht um einen Unterricht eines Sachfachs in der Fremdsprache handelt. Das Sachfach steht demnach im Vordergrund und die Sprache wird hier nicht in alle Einzelheiten zergliedert und analysiert, sondern fungiert als Träger von Informationen. Hieraus wird unmittelbar ersichtlich, dass die Anforderungen an die sprachliche Kompetenz im bilingualen Sachfachunterricht anderen Kriterien genügen müssen als es im Fremdsprachenunterricht der Fall ist. Damit stoßen wir auf ein Thema, das unter einigen Kritikern noch konträr diskutiert wird.

1.2.2 Leistungsbewertung im bilingualen Unterricht

Der Lehrer hält sich im Folgenden an die in der deutschsprachigen Literatur überwiegende Meinung, dass es sich beim bilingualen Unterricht nicht um fachbezogenen Fremdsprachenunterricht, sondern um Fachunterricht in der Fremdsprache handelt (vgl. [4]). Bei der Fehlerkorrektur von sprachlichen Fehlern ist es demnach sinnvoll, diese zu kategorisieren und dann die Fehler unterschiedlich zu gewichten. Ernst (vgl. [4]) unterscheidet vier Fehlerkategorien:

1. Fehler, die die Verständlichkeit beeinträchtigen
2. Pragmatische Fehler, welche aus situationsunangemessenem Verhalten entstehen
3. Formfehler durch Abweichung von den Regeln des Sprachsystems, welche aber die Verständlichkeit nicht beeinträchtigen.
4. Fehler in der Fachsprache

ad 1. Generell sollte klar sein, dass die Schüler lernen sollen, sich verständlich im Unterricht auszudrücken. Im bilingualen Unterricht sollten diese Fehler jedoch nur unter inhaltlichem Aspekt bewertet werden.

ad 2. Eines der Ziele des bilingualen Unterrichts ist die interkulturelle Kommunikation (vgl. auch Abschnitt 1.2.3). Wenn die Schüler pragmatische Fehler begehen, sollte man sie darauf hinweisen, jedoch sollten sie nicht zu stark gewichtet werden.

ad 3. Formfehler sollten im bilingualen Unterricht zwar gewertet werden, jedoch nur bis zu einem Abzug von zwei Punkten der einfachen Wertung führen.

ad 4. Es herrscht ein Konsens darüber, dass Fehler in der Fachsprache in die Bewertung eingehen. Darüber hinaus sollten die Schüler die Fachtermini sowohl in der Muttersprache als auch in der Fremdsprache parat haben. Die Fachsprache kann an dieser Stelle besonders durch Vokabeltests, Lückentexte oder Ähnlichem überprüft werden.

Die spezielle Situation, dass die Schüler am Kurpfalz-Gymnasium-Schriesheim[3] keinen bilingualen Unterricht gewählt haben[4], erlaubt es dem Lehrer nicht, das nötige Fachvokabular in Form eines Vokabeltests zu bewerten. Bei einem „freiwilligen" Vokabeltest ist, wie schon im letzten Schuljahr erprobt, die Erfolgswahrscheinlichkeit dass die Schüler das nötige Vokabular systematisch memorieren, nur sehr gering. Ein Kunstgriff kann dieses Dilemma auf erfreuliche Weise lösen: Da in dieser Klasse ein Projekt in Form von *House Points Competitions* durchgeführt wird (vgl. hierzu Abschnitt 1.4.2) ist es möglich die Schüler auf andere Weise zu motivieren, sich intensiv für den Vokabeltest vorzubereiten.

1.2.3 Ziele des bilingualen Unterrichts

Als Ziele und Vorteile des bilingualen Unterrichts sollen die Folgenden exemplarisch zeigen, wie vielseitig sie sind:

[3] im folgenden mit KGS abgekürzt

[4] an dieser Schule wird derzeit kein bilingualer Unterricht angeboten

- Durch die zunehmende Globalisierung nimmt der Stellenwert der englischen Sprache ständig zu. Durch vielseitige und authentische Materialien aus den verschiedenen Sachfächern werden die Schüler in ihrer Sprachgewandtheit, Sprechflüssigkeit und fachsprachlichen Fremdsprachenkompetenz auf das sich immer weiter ausdehnende Berufsfeld profunder vorbereitet (vgl. [4]).

- Die stetige Beschäftigung mit Sachinhalten in der Fremdsprache fördert durch den hohen kommunikativen Anteil im bilingualen Unterricht das interkulturelle und soziale Lernen (vgl. [4]). „Ehemalige Schülerinnen und Schüler monieren, dass in ihrer Schulzeit zusammenhängendes Vortragen zu wenig entwickelt und geübt worden sei" (vgl. [5], S.247). An dieser Stelle könnte der bilinguale Unterricht einen bedeutsamen Beitrag zur Vortragsschulung liefern.

- Viele Schüler behaupten, im bilingualen Unterricht seien sie motivierter als im konventionellen Unterricht (vgl. [4]). Auch im Rahmen der Evaluation dieser Arbeit wurde dies in Schülerkommentaren mehrfach erwähnt (vgl. hierzu Abschnitt 3.3). „It is also likely that the students are more motivated when they are learning through English something that is part of their school learning and thinking, rather than just learning the language" ([2], S.7).

1.3 Sachanalyse

Die Nutzung des Programms GeoGebra gibt dem Schüler die Möglichkeit, den unmittelbaren Zusammenhang von Funktionsgraph und Funktionsgleichung zu visualisieren. Im Unterschied zum graphikfähigfähigen Taschenrechner kann das Programm GeoGebra die Funktionsgraphen mit einer höheren Auflösung anzeigen, die Darstellung um ein vielfaches schneller vollziehen und verschiedene Graphen in unterschiedlichen Farben markieren. Vor allem aber können Spuren einzelner Punkte oder Graphen durch die Benutzung eines Schiebereglers dargestellt werden. Die Spuren oder auch Ortslinien können dann mit den Funktionsgleichungen in Beziehung gesetzt werden und auf Zusammenhänge hin analysiert werden. Schnittpunkte wie beispielsweise von Funktionsgraphen und Koordinatenachsen können in geometrischer und algebraischer Form angezeigt werden und verändern sich auch dynamisch mit einer jeweiligen Veränderung einzelner unabhängiger Elemente. Die intuitive Bedienung garantiert eine rapide Einarbeitung in das Grundgerüst des Programms.

1.4 Didaktisch-Methodische Analyse

1.4.1 Einordnung in den Unterrichtszusammenhang - Lehrplan G9

Im Bildungsplan Baden-Württemberg 1994 (vgl. [1]), welcher für die Klassenstufe 11 im Schuljahr 2008/2009 noch relevant ist, stehen als zentrales Thema die Funktionen und deren Differenzierung und Stetigkeit auf dem Lehrplan. Es ist daher für die Schüler bedeutsam, schon vor der Einheit der Einführung in die Analysis ein tieferes Verständnis von Funktionen und ihren verschiedenen Darstellungsformen zu erlangen. Gemäß dem Bildungsplan sollen die Schüler dieser Klassenstufe Eigenschaften von Funktionen und deren Schaubildern kennen lernen. Da durch eine statische Darstellung von Funktionsgraphen der Zusammenhang nicht immer ganz ersichtlich ist, entscheide ich mich an dieser Stelle für die dynamische Visualisierung mit Hilfe des Programms GeoGebra. Dieses Programm unterscheidet sich eklatant vom GTR, da hier eine bidirektionale Darstellung möglich ist und diese zudem noch graphisch wesentlich übersichtlicher angezeigt wird.

Bei einem Blick über den Tellerrand auf die neuen Bildungsstandards muss in diesem Zusammenhang die Leitidee *Funktionaler Zusammenhang* genannt werden. Besonders im Hinblick auf das Abitur stellt diese Leitidee ein zentrales Thema dar. Während in dem alten Lehrplan die Einführung der Differenzialrechnung erst für die Klassenstufe 11 vorgesehen ist, sehen die neuen Bildungsstandards des G8 diese Einführung bereits für Klassenstufe 10 vor. In den neuen Bildungsstandards heißt es „Gefordert sind: über Grundkompetenzen im Umgang mit Funktionen verfügen, Funktionen auf lokale und globale Eigenschaften untersuchen und Wirkungen von Parametern in Funktionstermen verstehen"([3], S. 157). Genau diese Kompetenzen werdem mit dieser Arbeitsform gefördert, was bedeutet, dass eine ähnliche Einheit auch sehr gut in das Konzept der neuen Bildungsstandards des G8 passen würde.

Aber auch im Laufe der Klassenstufe 11 nach dem alten Bildungsplan G9 kommt es immer häufiger zu Parameterbestimmungen einzelner Parameterfunktionen oder es werden Problemstellungen mit Kurvenscharen und Ortslinien besonderer Punkte der Kurvenscharen thematisiert.

Gegen Ende des Schuljahres sollen die Schüler vollständige Funktionsuntersuchungen mit ganzrationalen Funktionen durchführen können. Die Analyse von Symmetrieeigenschaften, die Auswirkung einzelner Parameter auf ein Schaubild und die Bestimmung von gemeinsamen Punkten mit den Koordinatenachsen sollen im Hinblick auf die Funktionsuntersuchungen durch diese Unterrichtseinheit in einer handlungsorientierten Unterrichtsform vorbereitet werden.

1.4.2 Situative Voraussetzungen

Die Klasse 11c des KGS besteht aus 28 Schülern und zeichnet sich durch ein außerordentlich gutes Klassenklima aus. Die Schüler der Klasse sind sehr fröhlich, gewissenhaft und strebsam. Einige der Schüler waren auch schon einige Monate in einem englischsprachigen Ausland, was für den bilingualen Unterricht sehr förderlich ist. Bemerkenswert ist die, für eine elfte Klasse, so rege Beteiligung am Unterricht.

Seit Beginn des Schuljahres ist die Klasse im Mathematikunterricht in Anlehnung an Harry Potter in vier *Houses* eingeteilt. Jeder Schüler kann durch besonders gute Beiträge im Unterricht, Zusatzaufgaben, Projekte oder Ähnlichem Punkte für sich und sein *house* sammeln. Zusätzlich gibt es *House Point Competitions.* In diesen Spielen mit mathematischem Hintergrund treten die Gruppen gegeneinander an und versuchen möglichst viele Punkte zu erreichen. Liefert ein Schüler einen herausragenden Beitrag im Unterricht, wie beispielsweise einen wichtigen Schritt in einem Beweis, sammelt er die Punkte als Individuum. Gleichzeitig werden aber auch seinem *house* die Punkte gutgeschrieben. Am Ende jeden Monats muss das *house* mit den wenigsten Punkten dem *house* mit den meisten Punkten einen Kuchen backen. Als zusätzlichen Ansporn bekommen die drei Schüler mit den meisten Punkten am Ende des Schuljahres eine weitere Leistungsbewertung in Form einer mündlichen Eins. Dieses Spiel bereitet den Schülern große Freude und spornt sie an, sich stets am Unterricht zu beteiligen. Das KGS hat drei Computerräume, welche für den Unterricht unabdingbar sind. Da einige Schüler keinen schnellen Internetzugang zu Hause haben, können sie in den zwei Wochen der Unterrichtseinheit nachmittags im Oberstufenraum oder im Schülercomputerraum das Programm GeoGebra nutzen.

1.4.3 Lernziele

1.4.3.1 Kognitive Lernziele

Die Schüler sollen

- das Programm GeoGebra nutzen lernen, um das wechselseitige Verhältnis der Funktionsgleichungen von Parameterfunktionen und deren Kurvenscharen erforschen zu können.
- die Oberfläche des Programms GeoGebra für die Analyse von Funktionsgleichungen und deren Schaubildern bedienen können.
- online Tutorien nutzen, um dann eigenständig dynamische Arbeitsblätter zu entwickeln und diese dann zu erforschen.
- eigene Screencasts[5] erstellen, mit welchen sie ihre Mitschüler über den Zusammenhang von Parametern ausgewählter Parameterfunktionen und deren Kurvenscharen instruieren.
- sich über mathematische Sachverhalte auf Englisch unterhalten.

1.4.3.2 Affektive Lernziele

Die Schüler sollen

- Neugier am eigenen Experimentieren bekommen.
- Freude an der Mathematik durch Experimentieren erleben.
- Erfolgserlebnisse in ihren Gruppen teilen.
- ihre Arbeit vor den Mitschülern präsentieren lernen.

[5]mit Screencasts werden digitale Filme bezeichnet, welche den Bildschirm mit einem optionalem Audiokommentar aufzeichnen

1.4.3.3 Soziale Lernziele

Die Schüler sollen

- in einer Gruppe zusammenarbeiten, sich gegenseitig respektieren, auf Fragen der Mitschüler eingehen und sich gegenseitig helfen.
- auch teilweise nach der Schulzeit miteinander kommunizieren, um gemeinsam in der Expertengruppe einen Screencast zu produzieren.
- sich gemeinsam in ihren *houses* auf den Test am Ende der Einheit vorbereiten und sich gegenseitig zur Hilfe stehen.

1.4.4 Eingesetzte Methoden

1.4.4.1 Lehrervortrag – Lehrer-Schüler-Gespräch

Um den Umgang mit dem Programm GeoGebra so verständlich wie möglich zu gestalten, entscheidet sich der Lehrer in der Einführung des Programms für die Methode des Lehrervortrags beziehungsweise Lehrer-Schüler-Gesprächs. Auf diese Weise wird gewährleistet, dass die Schüler

- eine professionelle Instruktion über die wichtigen Elemente des Programms erhalten.
- eine verständliche Erklärung der neuen Fachtermini erhalten.
- durch eine klare, laute und langsame Stimme instruiert werden.
- durch den Lehrer eine unmittelbare und präzise Rückmeldung auf ihre Fragen erhalten.

1.4.4.2 Partnerarbeit

Während des Erstellens der Arbeitsblätter ist es wichtig, dass die Schüler so viel wie möglich eigenständig erforschen. Da der Computerraum jedoch nur 20 Computer zur Verfügung hat, ist es sinnvoll, die Schüler in Partnerarbeit die Aufgaben am Computer vollziehen zu lassen. Doch selbst bei einer höheren Anzahl von Computern würde sich der Lehrer dazu entschließen, die Erstellung von dynamischen Arbeitsblättern in Partnerarbeit bearbeiten zu lassen, denn dadurch erfolgt bereits eine erste Rückmeldung durch den Partner. Ferner wird diese Phase durch Partnerarbeit in ihrer kommunikativen und bilingualen Ausprägung verstärkt.

1.4.4.3 Expertengruppen

Die Erforschung von Parameterfunktionen ist ein sehr weites Thema und kann auf viele Funktionstypen ausgeweitet werden. Damit es nicht nur zu punktuellen Behandlungen weniger Parameterfunktionen kommt, wird die Klasse in sieben Expertengruppen eingeteilt. Jede dieser Gruppen erhält ein Arbeitsblatt mit Aufgaben zur Erforschung einer ausgewählten Parameterfunktion. Auf diese Weise können die Experten das Thema erarbeiten und später in ihren *houses* den Mitschülern erklären. Die Expertengruppen haben die folgenden Aufgaben:

- Gemeinsame Erstellung eines dynamischen Arbeitsblattes.
- Gemeinsame Erforschung der Parameter in Bezug auf Schaubild und Funktionsgleichung.
- Erstellen eines Handouts mit den wichtigsten Erkenntnissen, die die Gruppe bei der Bearbeitung des Arbeitsblatts gewonnen hat.
- Produktion eines Screencasts oder eines Videofilmes, auf welchem die wichtigsten Erkenntnisse des Arbeitsblattes audiovisuell dargestellt werden.
- Formulierung von fünf Kontrollfragen für die *houses*.

1.4.4.4 Instruktion in den *houses*

Die Schüler wissen, dass es am letzten Tag einen Wettkampf zwischen den *houses* in Form eines Tests gibt. Alle Gruppen lassen sich nun durch ihre Experten instruieren. Hierfür zeigen die Experten das erstellte Expertenscreencast und stellen den Mitschülern im Anschluss die Kontrollfragen. Die Schüler lernen auf diese Weise in Eigenverantwortlichkeit zu erklären, um Unklarheiten zu beseitigen.

1.4.5 Eingesetzte Medien

1.4.5.1 Vokabelliste

Um den bilingualen Mathematikunterricht sprachlich überhaupt erst zu ermöglichen, wird den Schülern eine Vokabelliste mit den wichtigsten englischen Begriffen ausgeteilt. Ergänzt wird diese Liste durch Einträge während des laufenden Unterrichts. Auf den Arbeitsblättern werden durch Fußnoten weitere unbekannte Begriffe eingeführt.

1.4.5.2 Computer

Das zentrale Medium, mit welchem diese Unterrichtseinheit durchgeführt wird, ist der Computer. Vor Beginn der DUE wird bereits geklärt, ob alle Schüler zu Hause Zugang zu einem Computer haben. Des Weiteren wird sichergestellt, dass mindestens ein Computer für zwei Schüler im Computerraum zugänglich ist.

1.4.5.3 Beamer

Um die Schüler in das Programm GeoGebra einzuweisen, und auch um die kleinen Präsentationen der Schüler halten zu können, wird der Beamer als unersetzliches Medium genutzt. Die Schüler können auf diese Weise den Erklärungen in der Fremdsprache durch die visuelle Unterstützung am Beamer wesentlich einfacher folgen.

1.4.5.4 GeoGebra – Dynamische Arbeitsblätter

GeoGebra ist während der gesamten Unterrichtseinheit das Software-Medium, welches als Träger der wesentlichen Informationen über das Verhältnis von ikonischer und symbolischer Darstellung von Funktionen fungiert. Mit GeoGebra werden dynamische Arbeitsblätter erstellt, welche, wie der Name schon impliziert, einen dynamischen Zusammenhang der beiden Darstellungsformen des Graphs und der Gleichung illustriert. Für die Vorbereitung auf den Test werden den Schülern eine Vielzahl von dynamischen Arbeitsblättern online verfügbar gemacht, so dass eine gezielte Aufarbeitung des Stoffes möglich ist

1.4.5.5 Erstellte Homepage

Der Lehrer stellt eine begleitende Homepage[6] für die Schüler zur Verfügung. Auf der Homepage können die Schüler Tutorien (vgl. hierzu Abschnitt 1.4.5.6) über die Bedienung des Programms ansehen, falls sie sich die im Unterricht gezeigten Schritte nicht merken können. Des Weiteren werden dynamische GeoGebra Arbeitsblätter (vgl. hierzu Abschnitt 1.4.5.4) für die systematische Vorbereitung auf den Test verfügbar gemacht. In einem passwortgeschützten Bereich können die Schüler dann noch ihre eigenen Präsentationen ansehen. Als zusätzliche Motivation, die Homepage regelmäßig zu besuchen, werden dort in dem passwortgeschützten Bereich Bilder von Schüleraktivitäten der einzelnen Unterrichtsstunden bereitgestellt.

1.4.5.6 Online Screencast Tutorials

In den letzten Jahrzehnten hat sich die Computertechnologie rasant entwickelt. Einige Schüler besitzen schon profunde Computerkenntnisse, während die der anderen noch eher als rudimentär einzustufen sind. Daher gilt es in dieser Unterrichtseinheit auch ganz besonders diejenigen Schüler zu fördern, welche in diesem Bereich noch wenig Erfahrung haben. Um dem Rechnung zu tragen, werden den Schülern Screencasts zur Verfügung gestellt, welche mit dem Programm *Screenflow* erstellt wurden. Mit diesem Programm können die Aktivitäten auf dem Bildschirm mit einem Audiokommentar über ein Mikrofon aufgezeichnet werden. Zu den jeweilig zu bearbeitenden Arbeitsblättern (vgl. hierzu Abschnitt 1.4.5.7) werden Hilfestellungen in Form von Screencasts angeboten. Diese Screencasts werden zum einen auf den lokalen Tauschordner der Schüler in der Schule kopiert und gleichzeitig sind sie online auf der in Abschnitt 1.4.5.5 erwähnten Homepage eingebettet. Auf diese Weise können sich die Schüler, die über eine langsamere Internetverbindung verfügen, die Screencasts in der Schule auf einen Wechseldatenträger kopieren[7].

1.4.5.7 Arbeitsblätter

Für die Bearbeitung von Arbeitsaufträgen werden Arbeitsblätter ausgeteilt. In den ersten Stunden werden diese in Partnerarbeit bearbeitet. Die Bearbeitung inkludiert immer

[6] die URL der Homepage lautet www.bilingual.ch.vu

[7]

auch eine Erstellung eines dynamischen GeoGebra-Arbeitsblattes. Dieses soll nach Fertigstellung unter dem lokalen Tauschordner gespeichert werden. Im Unterricht nicht fertiggestellte dynamische GeoGebra Arbeitsblätter sollen per Email an den Mathematiklehrer gesendet werden. Auf diese Weise kann sich der Lehrer ein besseres Bild von den Schwierigkeiten, sowie den erreichten Lernzielen der Schüler machen. Die zweite Kategorie der Arbeitsblätter wird für die Expertengruppen erstellt und von ihnen bearbeitet.

Kapitel 2

Praktische Durchführung

Im Folgenden werden die einzelnen Unterrichtsstunden detailliert beschrieben und kritisch reflektiert. Vorbereitend erhalten die Schüler eine Vokabelliste, welche sie für die Stunde vor Beginn der Unterrichtseinheit lernen müssen. Die Vokabeln werden in einem Vokabeltest abgeprüft, der aber nicht in die Mathematiknote eingeht (vgl. hierzu Abschnitt 1.2.2). Um die Schüler an den bilingualen Mathematikunterricht heranzuführen, wird ferner eine Vorbereitungsstunde in englischer Sprache gehalten. In dieser Stunde werden mathematische Aufgaben unterschiedlichen Typs mit den Schülern in englischer Sprache bearbeitet.

2.1 Introduction to GeoGebra

Ziele: Die Schüler erhalten einen Überblick über die gesamte Unterrichtseinheit. Des Weiteren sollen sie einen Einblick in die Struktur des Programms GeoGebra erhalten und einfache Befehle in dem Programm ausführen können.

Stundenaufbau: Über ein Poster gibt der Lehrer einen Überblick über die gesamte Unterrichtseinheit[1]. Durch ein Lehrer-Schüler-Gespräch wird geklärt, welches Wissen die Schüler schon über Parameterfunktionen besitzen. Nach ein wenig Hilfe fällt der Begriff der allgemeinen Geradengleichung mit der Gleichung $y = mx + c$ und dann auch die Parameterfunktionsgleichung $f(x) = mx + c$. Einige Schüler können erklären, was eine Veränderung der Parameter der Funktionsgleichung im Schaubild bewirkt. Nachdem ein Ausblick auf die Unterrichtseinheit gegeben wird, erfolgt die Einführung in das Programm GeoGebra. Bevor die eigentliche Arbeit beginnt, werden bei allen Schülern verschiedene Einstellungen im Programm GeoGebra als Standardeinstellungen gespeichert. Da es nicht möglich ist diese Einstellungen auf dem Image des Servers zu ändern, müssen diese Einstellungen bei jedem Schüleraccount einzeln vorgenommen werden. Geändert werden die folgenden Einstellungen:

- Die Sprache wird auf Grund des bilingualen Unterrichts auf *English (US)* geändert.
- Die Darstellung der Punkte wird von • auf **x** gesetzt.

[1] das Poster ist nicht im Anhang zu finden sondern wird bei der Präsentation der DUE verwendet

- Es wird eingestellt, alle neuen Objekte automatisch zu beschriften.
- Die Darstellungsweise von Punkten wird von $A = (x, y)$ auf die den Schülern bekannte Schreibweise $A(x|y)$ umgestellt.

Die Schüler erhalten durch einen Lehrervortrag eine Einführung in das Programm GeoGebra. Sie bekommen nach einigen Schritten immer die Möglichkeit, die Schritte selbständig am Computer in Partnerarbeit durchzuführen. Der Lehrer demonstriert die folgenden Möglichkeiten mit Beamer und Rechner:

- Überblick in die unterschiedlichen Eingabeformen mit der Maus (ikonisch - geometrisch) und der Tastatur (symbolisch - algebraisch)
- Eingabe von Punkten und Geraden mit der Maus
- Eingabe von Funktionsgleichungen und Punkten mit der Tastatur
- Bestimmung des Schnittpunktes von Geraden, Kurven und auch Koordinatenachsen mit der Maus
- Erläuterung des Unterschieds abhängiger und unabhängiger Objekte
- Zeichnen von parallelen und senkrechten Geraden
- Betrachtung des *Konstruktionsprotokolls* – Ansicht des *Algebrafensters*
- Sichern eines dynamischen Arbeitsblattes
- Bestimmung der Distanz zwischen zwei Punkten
- Bestimmung des Scheitelpunkts einer Parabel (hier mit dem Befehl *Extremum*)

Bemerkungen: Die Schüler haben große Freude am Spielen und Experimentieren mit dem Programm. Es werden einige Befehle erklärt, die nur in dieser und der folgenden Stunde, nicht aber während der gesamten Unterrichtseinheit von Bedeutung sind. Der Grund hierfür ist, dass die Schüler einen Einblick in mehrere Funktionen des Programms erhalten und somit auch später bei anderen mathematischen Problemen auf das Programm zurückgreifen können.

Der Computerraum im KGS ist so eingerichtet, dass der zu betreuende Lehrer sämtliche Monitore der Schüler separat über einen Schalter ein- und ausschalten kann. Diese Vorrichtung ist sehr praktisch für den Lehrer, denn auf diese Weise kann er entscheiden, wann die Schüler sich auf den Vortrag konzentrieren oder wann sie eigenständig arbeiten sollen. Um die Schüler nicht zu überfordern, werden immer nur einige wenige Dinge erklärt, wonach die Schüler Zeit haben, das neu Erlernte am Computer anzuwenden. Während der Instruktion durch den Lehrer werden dann immer wieder die Bildschirme abgeschaltet, um die volle Konzentration der Schüler auf das Projektionsbild des Beamers und die Erläuterungen des Lehrers zu lenken. Die Schüler monieren jedoch den ständigen Wechsel von Erklärung und eigenständigem Arbeiten.

Verbesserungen: Wie die Schüler richtig erkennen, findet der Wechsel zwischen Erklärung und eigenständigem Probieren und Experimentieren zu häufig statt. Sinnvoll wäre es zu versuchen, einen etwas längeren Teil im Lehrervortrag zu gestalten, wonach die Schüler dann ohne den häufigen Wechsel eine längere Zeit des Experimentierens hätten.

2.2 Creating the first dynamic worksheets

Ziele: Durch die Bearbeitung eines Arbeitsblatts üben und wiederholen die Schüler die gelernten Befehle der letzten Stunde. Sie lernen in Partnerarbeit Aufgaben in englischer Sprache zu bearbeiten und schulen ihre fremdsprachliche Kommunikationsfähigkeit im Gebiet der Mathematik. Um die Aufgaben erfolgreich zu bearbeiten, lernen sie Screencasts für die Erstellung der dynamischen Arbeitsblätter zu nutzen. Sie schulen ihre Vortragskunst und freie Redefähigkeit, indem sie am Ende eine unvorbereitete Präsentation zu den einzelnen Aufgaben halten.

Stundenaufbau: Die Schüler sitzen jeweils zu zweit vor einem Computer und bearbeiten ein Arbeitsblatt. Dieses erste Arbeitsblatt beinhaltet die Erstellung von fünf dynamischen GeoGebra Arbeitsblättern. Die Stunde ist durch eine sehr hohe Schülerzentrierung gekennzeichnet. Der Lehrer gibt Hilfestellungen, falls auftretende Probleme nicht mit den Screencasts gelöst werden können. Am Ende der Stunde präsentieren drei Paare die letzten drei Aufgaben des Arbeitsblatts.

Bemerkungen: Ungefähr die Hälfte aller Schüler versucht konsequent die Aufgaben auf Englisch zu bearbeiten. Andere müssen mit gewisser Beständigkeit erinnert werden, die Gespräche auf Englisch zu führen. Während einige Schüler nur knapp zwei Drittel der Zeit für die Bearbeitung des Arbeitsblatts brauchen, benötigen andere wesentlich mehr Zeit. Für die nächsten Stunden werden daher noch zusätzliche optionale Aufgaben in Form von *house points questions* gestellt.

Wenn die Schüler eine orthogonale Gerade durch einen Punkt zu einer gegebenen Gerade zeichnen sollen, erweist sich dies bei einigen als Problem, wenn die Gerade symbolisch eingegeben wird. Bei anderen Schülern hingegen tritt dieses Problem nicht auf. Durch gründliche Analyse nach der Stunde stellt sich heraus, dass das Programm nur orthogonale Geraden zu gegebenen Geraden einzeichnen kann, welche in Form einer Geradengleichung gegeben werden (z.B. $y = 3x + 2$), nicht jedoch in Form einer Funktionsgleichung (z.B. $f(x) = 3x + 2$).

Verbesserungen: Da einige Schüler sehr schnell mit den Aufgaben fertig sind, werden in Zukunft zusätzliche Aufgaben gestellt.

2.3 Working with sliders

Ziele: Die Schüler lernen die ersten Parameterfunktionen in die Algebraeingabe einzugeben. Sie stellen fest, dass sie dazu den Parameter erst definieren müssen. Hierfür lernen sie den Befehl *slider* kennen. Außerdem lernen sie, wie man den eingegebenen Parametern einen bestimmten Definitionsbereich zuordnet.

Stundenaufbau: Es erfolgt eine sehr kurze Wiederholung der erlernten Befehle durch eine Schülerin. In einem Lehrer-Schüler-Gespräch wird erarbeitet, dass man eine Gleichung einer Parameterfunktion nicht in die Algebraeingabe eingeben kann, bevor der Parameter nicht zunächst definiert wird. Durch einen konzisen Lehrervortrag mit Beamer und Computer wird den Schülern der Schieberegler und seine Einstellungen präsentiert. Die Schüler haben im Anschluss die Aufgabe, das soeben gewonnene Verständnis auf das *Worksheet No 2* anzuwenden. Am Ende der Stunde präsentieren zwei Schülergruppen die Ergebnisse des Arbeitsblattes vor der Klasse.

Bemerkungen: Im Laufe des Unterrichts stellt sich heraus, dass einige Gruppen das Arbeitsblatt im Unterricht auf Grund von Zeitmangel nicht fertigstellen können. Dies ist wahrscheinlich dadurch zu begründen, dass bei diesem Arbeitsblatt im Gegensatz zum vorherigen mehr konzeptuelles Verständnis gefordert ist. Besonders bei Exercise No 1.5 hat der Lehrer das Verständnis der Schüler überschätzt. Nach den Schülerpräsentationen wird deshalb die Aufgabe 1.5 im Lehrer-Schüler-Gespräch gelöst.

Auch bei diesem Arbeitsblatt wird den Schülern ein Screencast zur Verfügung gestellt. Dieses Screencast beinhaltet jedoch nur die Vorgehensweise zu Erstellung und Konfiguration eines Schiebereglers. Die Schüler äußern den Wunsch nach einem Screencast mit ausführlicheren Tipps.

Verbesserungen: Bei konzeptuell schwierigeren Aufgaben sollte weniger Volumen gefordert werden. Im Hinblick auf die nächste Stunde, welche auch die bilinguale Prüfungslehrprobe ist, wird daher der Plan etwas verändert (vgl. Abschnitt 2.4).

2.4 Tracing points and lines

Ziele: Die Schüler erkennen, dass sie die unterschiedlichen Kurven einer Schar nicht miteinander vergleichen können, wenn die Position des Schiebereglers verändert wird und dadurch die vorherige Kurve nicht mehr sichtbar ist. Sie sehen, dass es nützlich ist, wenn die vorausgehenden Kurven auf dem Bildschirm „eingefroren" werden können. Hierfür lernen sie einzelne Punkte oder ganze Schaubilder mit dem Befehl *trace on* als Spur zu verfolgen.

Stundenaufbau: Zu Beginn erfolgt eine kurze Wiederholung des Begriffs *slider* mit einer kurzen Demonstration am Computer und Beamer durch eine Schülerin. Es folgt ein kurzer Lehrervortrag mit Instruktionen über den Befehl *trace on*. Im Gegensatz zur letzten Stunde wird die Klasse in zwei Teile geteilt. Teil A bearbeitet in Partnerarbeit die erste Aufgabe des *Worksheet No 3*, während Teil B die zweite Aufgabe in Angriff nimmt. Nach ungefähr 20 Minuten präsentieren jeweils zwei Schülergruppen die Ergebnisse vor der Klasse. Im Anschluss bearbeiten die Schüler die noch nicht bearbeitete, jedoch durch die andere Gruppe erläuterte Aufgabe in Partnerarbeit.

Bemerkungen: Die Schüler arbeiteten wesentlich schneller als in der letzten Stunde. Dies ist wahrscheinlich zum einen dadurch zu begründen, dass eine Lehrprobe stattfindet und zum anderen die Vertrautheit mit dem Programm zunimmt. In dieser Stunde ist der anschließende Wechsel von Gruppe A und B nur als Puffer geplant, doch durch die gute Mitarbeit wird in der gesamten Klasse auch die Puffer-Aufgabe vollständig bearbeitet.

2.5 Expert group training

Ziele: Die Schüler nutzen die erlernten Befehle, um zum zentralen Thema der Unterrichtseinheit zu kommen – nämlich Parameterfunktionen zu erforschen. Sie lernen Zusammenhänge zwischen verschiedenen Parametern von Funktionsgleichungen und deren Schaubildern kennen. Sie lernen, wie sie die Erkenntnis nach Bearbeitung ihres eigenen Arbeitsblattes didaktisch auf die Produktion eines sehr kurzen Screencasts reduzieren. Schließlich lernen sie, ein prägnantes Handout mit fünf Verständnisfragen zu erstellen.

Stundenaufbau: Dieser Teil ist eine Doppelstunde. Seit Beginn des Schuljahres sind die Schüler in vier *houses* eingeteilt (vgl. hierzu Abschnitt 1.4.2). Jedem Schüler wird außerdem eine Karte eines Skatkartenspiels zugeordnet. Eine Farbe eines Kartenspiels wird durch jeweils ein *house* repräsentiert. Zu Beginn der Stunde bilden sich Gruppen von jeweils vier Schülern. Alle Siebener, Achter, ..., Könige gehen in eine Expertengruppe. Auf diese Weise sind jeweils alle einzelnen Mitglieder der *houses* in unterschiedlichen Gruppen. Jede Expertengruppe erhält ein Arbeitsblatt mit einer Parameterfunktion, welche sie in den nächsten zwei Stunden erforschen soll. Die Erkenntnis über den Zusammenhang von Funktionsgleichung und Schaubild soll die Gruppe in Form eines Screencasts[2] oder eines Videos[3] darstellen. Zusätzlich erstellt die Gruppe für ihr eigenes *house* ein Handout mit fünf Verständnisfragen.

Bemerkungen: Diese Doppelstunde ist durch den nahezu hundertprozentigen Anteil an Schülerzentrierung etwas unruhiger. Die Doppelstunde ist an einem Freitag und die Schüler sollen das Screencast bis zum nachfolgenden Dienstag 12:00 Uhr auf dem Tauschordner speichern oder dem Lehrer per Email zusenden. Obgleich der Lehrer die Schüler zu Beginn der Stunde darüber informiert, kommt es hier zu Missverständnissen. Am darauffolgenden Dienstag sind immer noch nicht alle Handouts und Screencasts zur Kontrolle auf dem Tauschordner beziehungsweise als Mail verfügbar. Daher entschließt sich der Lehrer eine kurze Erinnerung zu Beginn der sechsten Unterrichtsstunde zu geben. Da zwei Schülerinnen kein Mikrofon haben, können sie das Macbook des Lehrers zur Erstellung des Screencasts nutzen.

Die Handouts kommen teilweise in sehr rudimentärer Form beim Lehrer an. Einige Expertengruppen formatieren das Handout in übersichtlicher Form während andere Gruppen einen Fließtext in großer und fett gedruckter Schrift ohne Überschrift abgeben. Leider kommen die Handouts zu spät an, um sie noch ausführlich korrigieren zu können.

[2]den Schülern wird das Freeware Programm *Jingproject* auf www.jingproject.com für die Erstellung des Screencasts empfolen

[3]die Schüler können Videokamera und Stativ der Schule nutzen

Bei der Besprechung der Unterrichtseinheit mit den Schülern werden jedoch formale Kriterien eines Handouts für zukünftige Arbeiten besprochen.

Das Arbeitsblatt der Gruppe *Expert Group 9's* erweist sich im Nachhinein als nicht sehr fruchtbar. Der Lehrer beabsichtigt, den Schülern mit diesem Arbeitsblatt zu verdeutlichen, dass der Unterschied der Schaubilder der Funktion f gegeben durch die Funktionsgleichung $f(x) = x^2$ und der Funktion g gegeben durch die Funktionsgleichung $g_r(x) = r \cdot x^2$ durch eine Streckung des Schaubildes längs der y-Achse mit dem Streckfaktor r hervorgeht.

Verbesserungen: In Zukunft muss auch die Information über das Abgabedatum schriftlich auf dem Handout vermerkt werden. Es reicht nicht, dies mündlich mitzuteilen, sogar wenn die Information in deutscher Sprache erfolgt. Das Arbeitsblatt der Gruppe *Expert Group 9's* sollte zielgerichteter gestaltet werden.

2.6 Presentations in their housegroups

Ziele: Die Experten erklären den übrigen Gruppenmitgliedern die Zusammenhänge der einzelnen Parameter und dem Schaubild der Funktionsgleichung. Sie lernen die Sachverhalte in konzisen Zügen darzustellen. Die Nicht-Experten lernen ferner den Experten gezielte Fragen über unklare Sachverhalte zu stellen.

Stundenaufbau: Die vier Gruppen verteilen sich gleichmäßig im Raum um jeweils einen Computer, welcher mit Lautsprechern ausgestattet ist. Die einzelnen Experten zeigen das jeweils von der Expertengruppe produzierte Screencast und stellen den nicht-Experten im Anschluss Verständnisfragen. Die Verständnisfragen werden gemeinsam bearbeitet und die nicht-Experten haben noch die Möglichkeit, zusätzliche Unklarheiten durch Rückfragen zu beseitigen. Jeder Experte erhält etwas mehr als zehn Minuten, um das Screencast vorzuführen und gemeinsam die Fragen zu besprechen. Der Lehrer ist Experte in den beiden Gruppen, in welchen der Experte erkrankt ist.

Die Schüler können sich die Präsentationen auf einen Wechseldatenträger kopieren oder die Präsentationen in einem passwortgeschützten Bereich der Homepage erneut für die Lernzielkontrolle ansehen. Außerdem wird den Schülern zu jeder Expertengruppe ein dynamisches Arbeitsblatt mit Anweisungen auf der Homepage verfügbar gemacht, welches das Verständnis der Zusammenhänge zwischen Parameter und Funktionsgraph visualisieren.

Bemerkungen: Diese Doppelstunde ist äußerst straff geplant und ist sowohl für Schüler als auch Lehrer etwas anstrengend. Einige Screencasts haben leider nur ein sehr leises Audiosignal, so dass die übrigen Schüler nicht immer alles verstehen können.

Verbesserungen: Die beiden Stunden erweisen sich im Nachhinein als zu kurz für die Präsentationen aller Experten. Bei einer zukünftigen Durchführung dieser oder einer ähnlichen Unterrichtsform sollten die Schüler mehr Zeit dafür erhalten.

2.6.1 Besprechung der einzelnen Handouts

2.6.1.1 Expert Group 7's

Die Erkenntnis, dass die Parameter der Funktion $f_{r,s,t}$ mit der Funktionsgleichung $f_{r,s,t}(x) = (x-r)\cdot(x-s)\cdot(x-t)$ mit den Nullstellen korrelieren, wurde anschaulich beschrieben. Die Aussage „For each slider are always two main points which don't change" ist jedoch etwas verwirrend. Schöner wäre es zu schreiben „If you move one slider you can see that one zero in the graph changes according to the value of the slider whereas the other two zeros remain unchanged". Vier der Verständnisfragen sind bis auf grammatikalische Fehler gut gestellt. Lediglich die Frage „If you play with one slider, how many points are fixed?" zeigt erneut, dass hier noch das Verständnis vertieft werden muss.

2.6.1.2 Expert Group 8's

Das Handout ist übersichtlich und strukturiert. Prinzipiell geht es bei diesem Arbeitsblatt um eine Wiederholung des Stoffes der achten Klasse. Daher wird dieses Arbeitsblatt auch von einer leistungsschwächeren Gruppe bearbeitet. Es wird schön dargestellt, dass der Scheitel der Parabel gegeben durch die Funktionsgleichung $f_{r,s}(x) = (x+r)^2+s$ dem Punkt mit den Koordinaten $P(-r|s)$ entspricht. Außerdem wird prägnant und korrekt beschrieben, dass die x-Koordinate des Scheitels sich durch die Gleichung $x_s = \frac{x_1+x_2}{2}$ berechnen lässt, wenn x_s die x-Koordinate des Scheitels und x_1 und x_2 die Nullstellen beschreiben. Es wird nicht erwähnt, dass dies nur in dem Fall möglich ist, wenn die Parabel mindestens eine Nullstelle hat.

2.6.1.3 Expert Group 9's

Das Handout ist sehr unübersichtlich und unstrukturiert. Es werden keine sinnvollen Gliederungen vorgenommen und das Dokument ist durchweg in der gleichen Schriftgröße und zusätzlich fett gedruckt. Bei den ersten beiden Punkten des Handouts sollte es $g(x) = r \cdot x^2$ und nicht $g(x) = x^2 + r$ heißen. Dies wird den Schülern aber noch im Unterricht gesagt. Der dritte Punkt ist sehr verwirrend geschrieben. Wenn die Gruppe schreibt „If you put the trace on the point B and play with the slider you will see that A and B are on the same locus" dann meinen die Schüler damit wahrscheinlich, dass A auf der Ortslinie von B liegt. Dies ist hier nicht besonders erstaunlich, denn beide Punkte haben den gleichen fixen x-Wert. Im vierten Teil beschreibt die Gruppe den zentralen Informationsgewinn der Aufgabe in Worten: „The y-value of the point A changes like this : The y-value of A multiplied by the value of r is the y-value of point B". Dagegen ist zunächst nichts einzuwenden. Doch wenn die Gruppe dann schreibt „$\Longrightarrow f(A)\cdot r = g(B)$" meinen sie damit sicherlich $\Longrightarrow f(x_A)\cdot r = g(x_B)$, wobei $x_A = x_B$ ist und es daher auch zu Verwirrungen kommen kann. Wie in Abschnitt 2.5 schon erwähnt, trägt die unpräzise Formulierung der Aufgabe sicherlich eine Teilschuld an diesem chaotischen Handout.

2.6.1.4 Expert Group 10's

Das Handout dieser Gruppe zeigt, dass die Schüler der Gruppe das Thema voll erfasst haben. Sowohl die Form und Struktur als auch die einzelnen Abschnitte zeigen auf sehr übersichtliche Art und Weise, unter welchen Voraussetzungen Funktionsgraphen symmetrisch zur y-Achse beziehungsweise zum Ursprung sind. Im Teil c schreiben die Schüler „If r, s, t are neither all odd nor all even, you can find no symmetry", was natürlich nicht ganz richtig ist. Der Graph der Funktion $f(x) = x^2 - 2x + 1$ ist symmetrisch zur Geraden gegeben durch die Gleichung $x = 1$. Man könnte dies noch korrigieren, indem man schreibt, dass keine Symmetrie zum Ursprung oder zur y-Achse vorliegt, denn andere Typen von Symmetrien haben die Schüler nicht untersucht. Bei den Verständnisfragen ist die vierte etwas unpräzise formuliert. Anstatt dass die Schüler schreiben „What correlation can you find for odd parameters", könnte man beispielsweise schreiben „What do you know about $f(x)$, $f(-x)$ and $-f(-x)$ if all the values of the exponents of the functions are odd numbers ". Teil b ist nicht als Beweis zu sehen, sondern als exemplarische Darstellung, was unter $f(x)$, $f(-x)$ und $-f(-x)$ zu verstehen ist. Nichtsdestoweniger zeigt das Handout ein profundes Verständnis über die einfachen Symmetrieformen von Graphen ganzrationaler Funktionen.

2.6.1.5 Expert Jacks

Die Schüler beschreiben in dem Handout korrekt, dass bei einem variablen Wert von b und festen Werten von a und c die Ortslinie des Scheitels eine Parabel beschreibt, welche der Funktionsgleichung $f(x) = -ax^2 + c$ entspricht. Wenn sie schreiben, dass die Funktionsgleichung bei dem Wert $a = 0$ eine Gerade beschreibt, ist das zwar richtig, doch steht diese Fragestellung nicht im Vordergrund. Sie beschreiben weiterhin richtig, dass bei variablem a die Ortslinie des Scheitels eine Gerade mit der Gleichung $y = mx + c$ beschreibt. Sie erkennen auch, dass der Parameter m nicht aus dem Schaubild herzuleiten ist. Hierfür müsste die Gleichung $f_{a_1}(x) = f_{a_2}(x)$ mit $a_1 \neq a_2$ gelöst werden, was die Schüler zu einem späteren Zeitpunkt in dieser Klassenstufe auch lernen werden.

2.6.1.6 Expert Queens

Das Handout ist übersichtlich und strukturiert gestaltet. Aus den drei Parameterfunktionsgleichungen wird sehr schön eine allgemeine Parameterfunktionsgleichung hergeleitet. Wenn die Schüler schreiben „If you trace a straight line $f(x) = t \cdot x + P \cdot t + Q$" dann meinen sie damit „If you trace the families of straight lines given by the equation $f(x) = t \cdot x + P \cdot t + Q$" . In den Verständnisfragen wird das Schaubild der Funktion mit der Funktionsgleichung als ein und dasselbe dargestellt. Die Fragen vier und fünf sind etwas missverständlich formuliert, da nicht klar ist, welches der Schaubilder gemeint ist.

2.6.1.7 Expert Kings

Es fehlt der Kommentar, dass die Gleichungen von m und l keine Funktionsgleichungen sind. Wenn die Schüler schreiben „The parameter a changes the intercept of the x-axis and the line given by the equation l" ist das zwar richtig, zeigt jedoch noch nicht, dass der Schnittpunkt der x-Achse genau dem Wert a entspricht. Schöner wäre es hier zu schreiben „The intersection points of the x-axis are $P_1(-a|0)$ and $P_2(a|0)$". Auf diese Weise würde den Schülern der Zusammenhang von Schnittpunkt und Parameter deutlicher. Ähnlich könnte man bei den beiden nächsten Punkten über die Parameter b und c verfahren. Es wird richtig beschrieben, dass wenn $a = b$, dann beschreibt l einen Kreis und anderenfalls eine Ellipse.

Die erste Frage ist etwas unpräzise formuliert. Anstatt zu schreiben „Which parameter do you have to change to get an ellipse which is wider than high", könnte man hier formulieren „What do you know about a and b if the horizontal extension is larger than the vertical extension of the ellipse". Die letzte Frage zeigt, dass den Schülern die Ideen ausgegangen sind. Da c nicht in der Gleichung von l enthalten ist, kann eine Veränderung von c auch keine Veränderung im Schaubild von l bewirken. Im Übrigen ist die Formulierung dieser Frage auch nicht sehr genau.

2.6.2 Besprechung der Screencasts

2.6.2.1 Expert Group 7's

Der Screencast ist mit einem sehr schwachen Audiosignal aufgezeichnet. Die Aussage „We can see that each slider has two main points " verwirrt ebenso wie die ähnliche Aussage im Handout. Es wurde nicht erkannt, dass die beiden Punkte, die fix sind, von den jeweils fixen Parametern abhängen. Es wird schön gezeigt, dass die Nullstellen mit den Werten der Parameter zusammenhängen. Außerdem wird anschaulich gezeigt, dass es nur eine Nullstelle gibt, wenn alle Parameter den gleichen Wert haben. Sprachlich gibt es zu monieren, dass der Unterschied zwischen *parenthesis*[4] und *parentheses*[5] trotz mehrfacher Übung nicht trennscharf ausgesprochen wird. Des Weiteren wird der Buchstabe X im Screencast wie der deutsche und nicht der englische Buchstabe ausgesprochen.

2.6.2.2 Expert Group 8's

Die Einleitung des Screencasts ist professionell gestaltet. Die Aussage „We get a function which looks like this " ist nicht sehr exakt formuliert. Den Schülern wurde wiederholt erklärt, dass eine Funktion verschiedene Darstellungsformen hat. Schöner wäre es hier zu sagen „The graph of the function f looks like this" . Es wird deutlich gezeigt wie die Koordinaten des Scheitels mit den Parametern zusammenhängen. Der Schüler sagt „Get the vertex of the function", womit er natürlich meint, „Get the vertex of the parabola or the graph of the function".

[4]parenthesis - die Klammer
[5]parentheses - die Klammern

2.6.2.3 Expert Group 9's

Dieses Screencast ist im Gegensatz zum Handout sehr anschaulich erstellt. Abgesehen von der ersten unpräzisen Aussage, dass „the points are on the same locus" wird sehr anschaulich gezeigt, dass der y-Wert der Funktion g aus dem r-fachen des y-Wertes der Funktion f hervorgeht. Die Schülerin hat eine sehr gute Aussprache und wirkt mit der Maus auf dem Desktop für den Betrachter sehr unterstützend.

2.6.2.4 Expert Group 10's

Ähnlich wie das Handout der Gruppe zeigt auch das Screencast ein deutliches Verständnis über die Symmetrie von Graphen ganzrationaler Funktionen. Die beiden Schülerinnen sprechen deutlich mit einer guten englischen Aussprache und Flüssigkeit. Sie wirken darüberhinaus mit der Maus auf dem Desktop förderlich. Wenn die Schülerin sagt „then we have to write the function in the algebra input" dann meint sie damit die Funktionsgleichung. Die Schüler sprechen immer korrekt von *graph* or *curve*, wenn sie über das Schaubild sprechen.

2.6.2.5 Expert Jacks

Die Schülerin sagt, „our task was to describe the locus". Der Lehrer vermutet an dieser Stelle, dass der Schülerin nicht ganz klar ist, dass sie jeweils für jeden variablen Parameter die Ortslinie eines Punktes (hier dem Scheitel) beschreiben soll. Weiterhin sagt die Schülerin „We can see that the function is a parabola", womit sie meint, dass das Schaubild der Funktion eine Parabel beschreibt. Im weiteren Verlauf spricht die Schülerin von „the locus of a" was erneut zeigt, dass der Schülerin nicht klar ist, dass es um die Ortslinie eines Punktes bei variablem Parameter und nicht um die Ortslinie eines Parameters geht. Die Schülerinnen zeigen jedoch übersichtlich die drei verschiedenen Ortslinien, je nachdem welcher Parameter variabel ist.

2.6.2.6 Expert Queens

In dem Screencast gibt es zunächst zu monieren, dass der Schüler anstatt f_t die missverständliche Formulierung f of g nutzt. Der Schüler sagt „you can see equations" während er auf die Schaubilder zeigt. Wenn am Ende des Screencasts eine Funktion einer Geradenschar erarbeitet wird, die durch den gemeinsamen Punkt $P(1, 2)$ geht, wird zwar die Funktionsgleichung eingegeben und ein Repräsentant der Geradenschaar angezeigt, jedoch fehlt die Spur der einzelnen Geraden, während der Parameter verändert wird, so dass auch wirklich ersichtlich wird, dass der gemeinsame Punkt tatsächlich dem Punkt $P(1, 2)$ entspricht.

2.6.2.7 Expert Kings

Die Gruppe Kings zeichnet als einzige Gruppe ein Video auf, in welchem eine Schülerin mit Tafel und GeoGebra die Erkenntnis des Arbeitsblatts erläutert. Sie wählen einen humorvollen Einstieg mit einer Königskrone über dem Kopf einer Schülerin. Die Gruppe demonstriert anschaulich, wie sich die beiden Schaubilder der Gleichungen auf dem GeoGebra Arbeitsblatt visualisieren lassen. Sie erklären auch, dass der Schnittpunkt mit der y-Achse von b abhängt, erläutern jedoch nicht, dass der Wert von b dem y-Wert des Schnittpunkts mit der y-Achse gleicht. Die Schülerin sagt am Ende richtig „The parameter c changes the radius of our second circle“ doch es fehlt erneut, dass $c = r$ wenn r für den Radius des Kreises steht.

2.7 Housepoint competition and evaluation

In dieser Stunde findet eine Lernzielüberprüfung in Form eines Houspoint Tests statt (vgl. hierzu Abschnitt 3.1). Die Schüler haben die Möglichkeit sich auf diesen Test mit den Screencasts beziehungsweise dem Video der Kings Group vorzubereiten. Unterstützend werden den Schülern dynamische GeoGebra Arbeitsblätter im Netz zur Verfügung gestellt. Einen weiteren Teil zur Evaluation der Unterrichtseinheit findet durch einen an die Schüler ausgeteilten Fragebogen statt (vgl. hierzu Abschnitt 3.3).

Kapitel 3

Auswertung

3.1 Lernzielkontrolle

Da die Schüler keinen bilingualen Zug gewählt haben (vgl. hierzu Abschnitt 1.2.2), darf sich eine Leistungsbewertung nicht negativ auf die Mathematiknote der Schüler auswirken. Dennoch werden die Schüler mit einem Test motiviert, welcher zum einen in die Housepoint Wertung eingeht und zum anderen nur dann gewertet wird, wenn sich die Zensur des Tests positiv auf die Mathematiknote auswirkt. Für die Schüler entsteht dadurch kein Nachteil – im Gegenteil, sie können nichts verlieren sondern nur gewinnen.

Exercise No 1: Fast alle Schüler bestimmten im ersten Teil der Aufgabe drei Nullstellen (eine davon in Abhängigkeit von a). Oft verwechselten sie jedoch das Vorzeichen. Nicht ganz so viele Schüler kamen zu dem Ergebnis, dass das Schaubild abhängig von dem Parameter a zwei oder drei Nullstellen hat. Nur ungefähr ein Drittel der Klasse kam zu der korrekten Aussage: Wenn $a = 2,5 \vee a = -3$, dann liegen zwei Nullstellen vor, ansonsten drei.

Exercise No 2: Einige Schüler wussten bei dieser Frage nicht so recht, was sie mit ihr anfangen sollten. Obwohl es bei dieser Frage nur um das Einsetzen und Auflösen ging, lösten diese Frage nur etwa die Hälfte der Schüler. Hier war (wie schon in Abschnitt 2.5 erwähnt) die Aufgabenstellung des Arbeitsblattes der Expertengruppe ungünstig gewählt.

Exercise No 3: Der erste Teil der Aufgabe war sehr einfach und wurde von der Mehrheit der Schüler fehlerfrei gelöst. Im zweiten Teil befindet sich jedoch leider ein Fehler in der Aufgabenstellung, der konzeptueller Art ist. Der Graph der Funktion $f_a(x) = (x-a)^2+2,5$ kann gar keine gemeinsamen Punkte mit der x-Achse haben, da der Scheitel über der x-Achse liegt und die Parabel nach oben geöffnet ist. Wenn der Graph zwei Punkte mit der x-Achse gemeinsam hätte, dann würde sich der x-Wert des Scheitels mit der Gleichung $x_s = \frac{x_1+x_2}{2}$ berechnen lassen, wobei $x_s = a$. Es haben erstaunlich viele Schüler diese Aufgabe auf diese Weise bearbeitet und gelöst. Da jedoch ein Fehler in der Aufgabenbeschreibung lag, wurde diese Aufgabe für diejenigen als Joker gewertet, welche die Aufgabe in der soeben beschriebenen Weise gelöst haben.

Exercise No 4: In dieser Aufgabe war das größte Problem, dass die Schüler nicht präzise genug die Gleichung des Kreises und der Ellipse auswendig gelernt haben. Viele vergaßen, dass in der Gleichung $x^2 + y^2 = c^2$ der Radius des beschriebenen Kreises den Wert c und nicht den Wert c^2 hat. Ein ähnliches Problem hatten die Schüler bei der Gleichung der Ellipse.

Exercise No 5: Erstaunlich gut konnten die Schüler die gelernte allgemeine Form dieser Gleichung der Geradenschar auf die gemeinsamen Punkte anwenden. Viele Schüler bearbeiteten erfolgreich diese Aufgabe.

Exercise No 6: Wie schon im Unterricht deutlich wurde, hatten einige Schüler bei dieser Aufgabe ein Veständnisproblem mit dem Begriff $locus$. Den Schülern war oft nicht klar, dass es sich bei der Ortslinie um einen geometrischen Ort handelt, welcher durch einen bestimmten Punkt des Schaubildes bei Veränderung eines Parameters der Parameterfunktionsgleichung beschrieben wird. Einige Schüler erinnerten sich zwar, dass bei fixen Parametern a und c die Ortslinie der Scheitelpunkte des Graphs von f_b einer gespiegelten Parabel glich, doch war es für einige zu schwer, die Funktionsgleichung dieser Parabel zu bestimmen. Nichtsdestoweniger haben auch diese Aufgabe rund ein Drittel der Schüler gelöst.

Exercise No 7: Den ersten Teil der ersten Aufgabe haben die meisten Schüler korrekt lösen können. Im zweiten Teil haben viele Schüler geschrieben: „If $f(x) = -f(-x) \Rightarrow$ odd and If $f(x) = f(-x) \Rightarrow$ even“ . Sie meinten damit, dass falls $f(x) = -f(-x)$, dann haben die Exponenten der Polynome ungerade Hochzahlen, doch geht aus dieser Aussage noch keine (zumindest für die Schüler unmittelbare) Symmetrieeigenschaft hervor. Den zweiten Teil der Aufgabe hingegen lösten wieder die meisten Schüler.

3.2 Rückblick auf Planung und Durchführung der Unterrichtseinheit

Da bis jetzt im Bereich des bilingualen Mathematikunterrichts nur sehr wenige Materialien verfügbar sind, mussten sämtliche Arbeitsblätter und Arbeitsaufträge selbständig vom Lehrer konzipiert und aufeinander aufgebaut werden. Es gibt zwar einige wenige Materialien auf dem hessischen Bildungsserver (vgl. hierzu [8]), doch gerade in dem Bereich dieser Unterrichtseinheit scheint es noch keine Unterlagen für den bilingualen Mathematikunterricht zu geben. Zusätzlich war es manchmal schwer abzuwägen, welche Vokabeln in dieser Klasse als neu und welche als bekannt vorausgesetzt werden können.

Da die gesamte Einheit in dem Computerraum stattfand und auch keine Alternative in Form eines anderen Mediums für die Unterrichtseinheit sinnvoll gewesen wäre, mussten viele „worst case scenarios“ durchgespielt werden. Die gesamten Screencasts wurden zum einen auf der Homepage und zum anderen auf dem lokalen Tauschordner gespeichert. Es wurden jeweils zwei verschiedene Versionen der Screencasts zur

Nutzung bereitgestellt, zum einen eine Quicktime Version und zum anderen eine aus Youtube eingebettete Flash Version. Im Fall eines Schulnetzwerkproblems hätten die Schüler nicht die Möglichkeit auf den lokalen Tauschorder zuzugreifen. Für diesen Fall wurden einige CDs und andere Wechseldatenträger bereitgestellt. Die Schüler hätten sich lokal am Computer anmelden können und die Daten der CDs beziehungsweise Wechseldatenträger auf die Computer kopieren können. Im Falle eines Ausfalls des Beamers wurde ein weiterer Beamer bereitgestellt.

Es stellte sich in der ersten Stunde heraus, dass zwei Computer sich nicht das Image vom Server gezogen hatten und demnach weder die Quicktime Komponente noch das GeoGebra Programm auf diesen Rechnern verfügbar war. Da es genügend Computer in diesem Raum gab, stellte dieser Vorfall keine Einschränkung für den weiteren Verlauf der Einheit dar.

Die Homepage wurde schon in dem letzten Schuljahr für die bilinguale Einheit genutzt. Auch in diesem Schuljahr befand sich die Homepage im Hinblick auf die DUE in einer weiteren Testphase. Diese Testphase hat sich im Nachhinein als sehr nützlich erwiesen, denn es traten einige Probleme auf, die vor Beginn der Unterrichtseinheit behoben werden konnten:

1. Einige Schüler konnten keine Quicktime Videos ansehen. Es wurde folgende Lösung gefunden:
   (a) Die Schüler haben sich die Quicktime Komponente heruntergeladen
   (b) Nach dieser Erkenntnis wurde auch jeweils ein auf Youtube hoch geladenes Tutorial in die Homepage eingebettet
2. Die zunächst passwortgeschützte Seite bereitete einigen wenigen Schülern unverständlicherweise Probleme. Sie konnten sich zwar in den geschützten Bereich einwählen, doch zeigte sich die Navigation innerhalb der Plattform als problematisch. Ob die Probleme browserspezifisch waren, konnte nicht eruiert werden. Das Entfernen des Passwortschutzes bewirkte eine problemlose Navigation.[1]
3. Die eingebetteten dynamischen GeoGebra Arbeitsblätter wurden bei einigen Schülern nicht angezeigt. Lösung: Eine Aktualisierung der JAVA Komponente half das Problem zu beheben.

Die hohe Schülerzentrierung wurde während der ganzen Einheit sehr gut angenommen. Die Schüler waren zu einem sehr großen Teil während der ganzen Einheit konzentriert und aktiv. Es bereitete den Schülern Freude, Präsentationen zu halten und nicht bei jedem kleinen sprachlichen Fehler unterbrochen zu werden (vgl. auch Abschnitt 3.3). Besonders die Expertengruppenstunde zeichnete sich durch außerordentlich hohe Schülerzentrierung aus. In Zukunft würde ich jedoch einen längeren Zeitraum für diese Unterrichtsform einplanen. Falls an den Tagen der Präsentation durch die Experten viele Schüler krank gewesen wären, wäre es logistisch schwer für den Lehrer geworden,

[1] Anmerkung: Da in dem öffentlichen Bereich keine Daten von Schülern abrufbar waren, stellt dies aus datenschutzrechtlicher Sichtweise keinen Verstoß dar. Der Bereich mit den von den Schülern erstellten Screencasts wurde mit einem erneuten Passwortschutz versehen, der merkwürdigerweise kein Problem beim Navigieren darstellte.

in den vielen Gruppen den jeweils kranken Experten zu ersetzten. Trotz der zeitlichen Knappheit und den erwähnten Problemen dieser Unterrichtsform werden die vielen Vorteile noch einmal kurz beleuchtet:

- Die Schüler lernen, Sachverhalte in Teamarbeit zu erarbeiten. Dies fördert die soziale Kommunikation und Integration in Gruppen.
- Die Schüler lernen, Sachverhalte prägnant zu präsentieren.
- Die Schüler lernen durch gegenseitiges Helfen dass die Synergie der ganzen Gruppe mehr ist als die Summe der Einzelnen. Dies machte sich besonders dann bemerkbar, wenn Schüler mit guten Englischkenntnissen gemeinsam mit anderen Schülern mit guten Mathematikkenntnissen zusammenarbeiteten.
- Die Schüler lernen, sich enaktiv mit Wissensgegenständen zu befassen.

Zum bilingualen Unterricht gilt es noch anzumerken, dass der englischsprachige Anteil bei den Schülergesprächen gegen Ende etwas abnahm, da der Abstraktionsgrad der Aufgaben anstieg. Die Schüler erklärten sich im Hinblick auf die Leistungsüberprüfung einige Sachverhalte auf Deutsch, was jedoch auch nachvollziehbar ist.

3.3 Evaluation durch die Schüler

Den Schülern wurde nach der Lernzielkontrolle ein Fragebogen zur Evaluation der Unterrichtseinheit ausgeteilt. Der Fragebogen enthält neun Fragen, die mit den klassischen Noten von Eins bis Sechs bewertet werden können. Des Weiteren enthält er vier Fragen, die mit einem Kommentar in Form eines Textes beantwortet werden können. Ein ausgefülltes Exemplar eines Fragebogens befindet sich im Anhang.

Besprechung des Fragebogens: Von 27 abgegebenen Fragebögen schrieben 21 Schüler, dass sie den bilingualen Mathematikunterricht für eine begrenzte Zeit unbedingt weiterempfehlen würden. Drei Schüler würden ihn unter der Bedingung weiterempfehlen, dass die Themen einfach sind und dass die Themen vor dem Abi erneut auf deutsch wiederholt würden. Drei weitere Schüler würden ihn nicht weiterempfehlen, da es mit der Zeit schwierig wird Mathe auf Englisch zu verstehen, man mehr Zeit für die gleiche Menge von Stoff braucht und teilweise nichts versteht.

Besonders gut hat den Schüler Folgendes an der Unterrichtseinheit gefallen:

- das viele selbständige Arbeiten und die hohe Schülerzentrierung durch Gruppenarbeiten und Expertengruppen
- das Arbeiten mit dem PC, GeoGebra, Homepage und vielen Medien
- die GeoGebra Tutorials ansehen; die eigene Produktion der Screencasts
- dass Sprachfehler nicht gewertet wurden und dass viel Englisch gehört und gesprochen wurde.

- der Einsatz von Medien und die Abwechslung im Unterricht
- die vielen Präsentationen
- die allgemeine Stimmung während des Unterrichts und die Motivation des Lehrers

Als Verbesserungsvorschläge für zukünftige ähnliche Einheiten nannten die Schüler folgende Punkte:

- etwas weniger Englisch sprechen, beziehungsweise mehr auf Deutsch erklären
- mehr Zeit zum Lernen geben, mehr Zeit für die Expertengruppen geben
- weniger Emails senden, denn nicht jeder checkt seine Mails täglich
- nach den Expertengruppen sollte der Lehrer gemeinsam mit den Schülern über das Thema sprechen.[2]
- eine längere Bili-Einheit wäre schöner
- keine Expertengruppen bilden

Es ist ersichtlich, dass es Teile der Unterrichtseinheit gibt, wie beispielsweise die Expertengruppen, die von den einen als sehr positiv bewertet wurden, wohingegen andere eine Abneigung empfanden.

3.4 Fazit

Die gesamte Unterrichteinheit hat mir große Freude bereitet. Es war eine sehr arbeitsintensive Zeit, doch hat sie bei den Schülern große Resonanz gezeigt. Viele der Lernziele konnten realisiert werden und ganz besonders auf dem Gebiet der affektiven und sozialen Ziele wurde, im Vergleich zu der im Mathematikunterricht doch eher dominierenden lehrerzentrierten Unterrichtsform, viel erreicht. An dieser Stelle muss auch der Klasse ein großes Lob ausgesprochen werden, denn es kann nicht vorausgesetzt werden, dass sich jede elfte Klasse mit soviel Elan und Freude am Mathematikunterricht beteiligt. Ohne die Koordination und harmonische Absprache innerhalb der Expertengruppen wären die Screencasts sicherlich nicht in dieser Form zustande gekommen.

Die Erreichung der kognitiven Lernziele soll im Folgenden resümiert werden. Die Schüler haben gelernt das Programm GeoGebra so zu bedienen, dass sie in der Lage waren die nötigen Arbeitsblätter zu erstellen und die Ergebnisse den anderen Schülern zu präsentieren. Letztendlich ist es jedoch schwer zu beurteilen, welcher Schüler wie viel von der Präsentation oder von der Erstellung des Arbeitsblattes alleine vollziehen könnte. Klar ist auf alle Fälle, dass die Klasse als Ganzes die kognitiven Lernziele erreicht hat, denn es konnten alle Aufgaben erfolgreich bewältigt werden. Anzumerken ist jedoch, dass einige Schüler die Zusammenhänge von Funktionsgleichungen und Graphen nicht den Lernzielen entsprechend erfasst haben.

[2]dies ist aus der Sicht der Schüler nachvollziehbar, doch steht es den Prinzipien einer solchen Unterrichtsmethode entgegen, da die Schüler eigenständig das Thema erfassen und präsentieren sollen

Das Sachfach Mathematik eignet sich ganz besonders gut für einen Einblick in den bilingualen Unterricht, da das benötigte Fachvokabular sehr begrenzt ist. Interessant ist auch die Feststellung, dass sich die in Mathe guten, doch in Englisch weniger guten Schüler auch in dem bilingualen Unterricht sehr gut beteiligen konnten. Ihrer Meinung nach erlebten sie keinen wesentlichen Nachteil im Verständnis der Mathematik, hingegen waren sie der Ansicht, dass sie durch den bilingualen Mathematikunterricht eine zunehmende Sicherheit in der fremdsprachlichen Redegewandtheit erlangten. Demgegenüber stehen die in Englisch sehr guten, doch in Mathe nicht so guten Schüler. Diese konnten sich durch ihre sprachliche Kompetenz gerade bei den Präsentationen einfacher Aufgaben von den anderen Schülern abheben. Diese Sicherheit in der Sprache half ihnen später auch Fragestellungen der Mathematik mit zunehmender Freude und Zuversichtlichkeit zu bearbeiten. Abschließend kann somit gesagt werden, dass die bilinguale Unterrichtseinheit ein Erfolg auf vielen Ebenen aufwies und zu einem späteren Zeitpunkt von mir mit den angemerkten Veränderungen erneut durchgeführt wird.

Literaturverzeichnis

[1] BADEN-WÜRTTEMBERG, Kultusministerium (Hrsg.): *Bildungsplan für das Gymnasium.* Bd. *4.* Amtsblatt des Ministeriums für Kultus und Sport, Baden-Württemberg, Februar 1994

[2] DELLER, S. ; PRICE, C. ; MALEY, Alan (Hrsg.): *Teaching Other Subjects Through English.* University Press: Oxford, 2007 (Resourse Books for Teachers)

[3] DIEMER, L.: Leitidee 6 - Funktionaler Zusammenhang. In: BADEN-WÜRTTEMBERG, Kultusministerium (Hrsg.): *Bildungsplan für das Gymnasium*, 2004, S. 157

[4] ERNST, M.: Fehlerkorrektur und Leisungsbewertung im bilingualen Unterricht. In: *Praxis* 3 (1995)

[5] ERNST, M.: Vortrags- und Gesprächsschulung im fremdsprachig erteilten Sachfachunterricht. In: *Praxis* (1995), Nr. 3

[6] HOHENWARTER, Markus: *GeoGebra: dynamische Geometrie, Algebra und Analysis für die Schule.* – URL `http://www.fachgruppe-computeralgebra.de/CAR/`. – Zugriffsdatum: 26.10.1008

[7] HOHENWARTER, Markus: *GeoGebra - didaktische Materialien und Anwendungen für den Mathematikunterricht*, Paris-Londron-Universität Salzburg, Dissertation, 2006

[8] RAUCH, H.: *Bildungsserver Hessen.* – URL `http://lernen.bildung.hessen.de/bilingual/bili`. – Zugriffsdatum: 31.10.2008

[9] TIMM, J-P.: Bilingualer Sachfachunterricht revisited. In: *Praxis* 49/1 (2002), S. 12–16

[10] WITTMANN, E.C.: *Entdeckendes Lernen im Mathematikunterricht.* Vieweg: Braunschweig - Wiesbaden, 1998

Anhang

1. Vocabulary
2. Vocabulary Quiz
3. Worksheet No 1
4. Worksheet No 2
5. Worksheet No 3
6. Worksheet Expert Group 7's
7. Worksheet Expert Group 8's
8. Worksheet Expert Group 9's
9. Worksheet Expert Group 10's
10. Worksheet Expert Group Jacks
11. Worksheet Expert Group Queens
12. Worksheet Expert Group Kings
13. Bilingual Math Quiz
14. Feedbackbogen eines Schülers

area	der Flächeninhalt	
straight line	die Gerade	
perpendicular line	senkrechte/ orthogonale Gerade	
line segment	die Strecke	
right angle	der rechte Winkel	
root	die Wurzel/die Nullstelle	
zero	die Nullstelle, die Zahl Null	
vertex (pl. vertices)	der Scheitel/die Spitze/der Eckpunkt	
intersection point	der Schnittpunkt	
to intersect	schneiden	
to plot/to sketch/to graph	zeichnen	
length	die Länge	
degree	Grad	
coordinate axes	die Koordinatenachsen	
coordinate system	das Koordinatensystem	
parenthesis (pl. parentheses)	die runde Klammer	
bracket	die eckige Klammer	
fraction	der Bruch	
to cancel	kürzen	
to expand	ausmultiplizieren	
to divide	dividieren	
to multiply	multiplizieren	
to add	addieren	
to substract	subtrahieren	
negative	negativ/minus (als Vorzeichen)	"-5" is read "negative five"
equation	die Gleichung	

Vocabulary - Bilingual math lesson

odd	ungerade (Zahl)	
even	gerade (Zahl)	
equals/is equal to	ist gleich	"7 = x" is read "seven equals x"
greater than (or equal to)	größer als (oder gleich)	
less than (or equal to)	kleiner als (oder gleich)	
approximately/about	annähernd	
arbitrary	willkürlich	
f(x)=	f of x equals	
x to the nth (power)	x hoch n	
x squared	x quadrat	
x cubed	x hoch drei	
one half	ein Halb	
three over seven	drei Siebtel	"Bruch a/b" is read "a over b"
1.7876	1,7876	Dezimalzahlen werden im Englischen mit Punkt geschrieben
input	die Eingabe	
function	die Funktion	
family of functions	die Parameterfunktionen	Beispiel: f(x)=mx+c (m und c sind Parameter)
set of curves/family of curves	die Kurvenschar	
slope	Steigung	

Vocabulary Quiz

Grade 11c - Bilingual math lesson

October 9, 2008

1. Write down the English translation of the following words

1. die Gerade
2. der Scheitel, der Eckpunkt
3. der Schnittpunkt
4. zeichnen
5. kürzen
6. annähernd
7. Steigung
8. größer als
9. ist gleich
10. die Parameterfunktionen

2. Write down the German translation of the following words

1. perpendicular line
2. fraction
3. to expand
4. less than or equal to
5. set of curves

3. Fill in the gaps

If you .... the fraction $\frac{3}{6}$ you will get $\frac{1}{2}$. If you .... a graph of the .... $f(x) = mx + c$ it will look like a .... line. If you .... the expression $x \cdot (x - 1)$ you will get $x^2 - x$.

Worksheet No 1

Grade 11c - Bilingual math lesson

October 10, 2008

Exercise No 1

1. Enter any linear function in the algebra input.
2. Draw a straight line through any two points. The straight line must not be parallel to the graph of the linear function mentioned above.
3. Intersect the graph of the function and the straight line.
4. Find out the coordinates of the intersection point.

Exercise No 2

1. Draw a graph of the function $f(x) = (x-2)^2 - 3$.
2. Draw the line with the equation $y = 3x - 2$.
3. Find the intersection point(s) of both graphs.
4. Find the distance between the intersection points.
5. Move the straight line in such a way that there is no intersection point.

Exercise No 3

1. Draw a triangle with the coordinates $A(3|3.12)$, $B(5|5.135)$ and $C(3.5|6.101)$.
2. Color the side a green, the side b red and the side c blue.
3. The parabola with the equation $f(x) = (x-2)^2$ intersects the triangle twice.
4. Find the distance between the two intersection points.

Exercise No 4

1. Plot a graph of the function $f(x) = x^4 - 7x^3 + 14x^2 - 8x$.
2. Find the intersection points with the coordinate axes.
3. Find the extreme values of the function.

Exercise No 5

1. Imitate the following graph on a GeoGebra worksheet. Find also $|\overline{AB}|$, $|\overline{AC}.|$, $|\overline{AD}|$, $|\overline{AB}|$, $|\overline{BC}|$ and $|\overline{BD}|$.

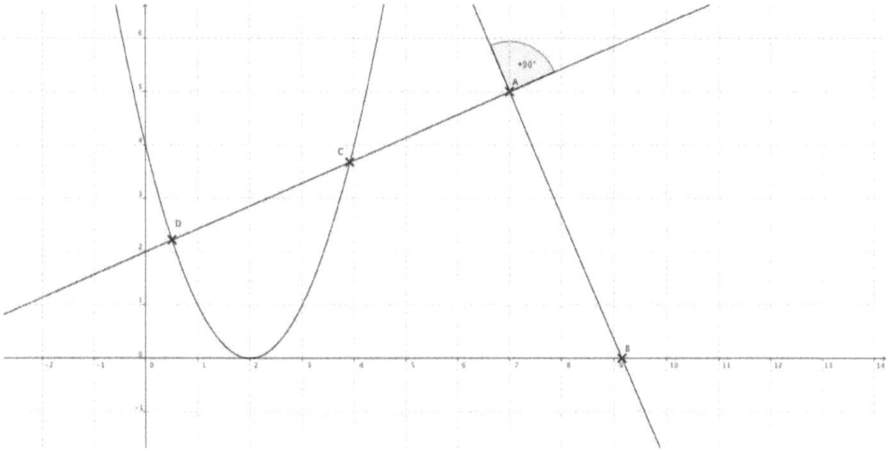

Exercise No 6

1. Draw the points $D(3|5)$, $E(4|6)$ and $Z(2.25|3)$.
2. Show the names and the values of the points on the drawing pad.
3. Create a dashed line between the points.
4. Find the lengths of the line segments $\overline{DE}$, $\overline{DZ}$, and $\overline{EZ}$.

Worksheet No 2

Grade 11c - Bilingual math lesson

October 15, 2008

Exercise No 1

1. Enter the function f, given by the equation $f(x) = 2x + 1$ in the algebra input
2. Use the slider [1] button [2] in order to sketch the curves of the family of functions g_a , given by the equation $g_a(x) = x^2 + a$
3. Find the intersection point(s) of the graphs of f and g_a, if $a = 0.5$.
4. For which values of a do the graphs of f and g_a intersect
   (a) once
   (b) twice
   (c) not at all
5. Show the amount of intersection points of the graphs of f and g_a algebraically. Hint: What do you know about the y-value of the graph of f and g_a at its intersection point?

Exercise No 2

1. The familiy of functions $f_{a,b}$ has the equation $f_{a,b}(x) = (x - a) \cdot (x - b)$. The graphs of $f_{a,b}$ are called $Gf_{a,b}$.
2. Create the two sliders a and b and then enter the equation of the function $f_{a,b}$ in the algebra input.
3. Find the coordinates of the vertex of one particular [3] $Gf_{a,b}$. Hint: You may want to use the command [4] *extremum* in the algebra input.
4. Move the sliders in order to see the effect of change in $Gf_{a,b}$.
5. How do the parameters a and b relate to the zeros and the coordinates of the vertex of $Gf_{a,b}$. Can you notice any correlation [5]?

[1] slider - der Schieberegler
[2] button - die Taste, der Schalter
[3] particular - bestimmte, besondere
[4] command - der Befehl
[5] correlation - der Zusammenhang

Worksheet No 3

Grade 11c - Bilingual math lesson

October 16, 2008

Exercise No 1

Given is the family of functions f_t with the equation $f_t(x) = (x - t)^2 + t + 1$. Let the graphs of f_t be further called G_t.

1. Create a slider [1] $t \in [-4, 4]$. Let the increment [2] of t be 0.2 and the width of the slider be 200.
2. Enter the equation of the function f_t in the algebra input.
3. Sketch the vertex of G_t. Hint: Use the command *extremum.*
4. Visualize [3] the trace [4] of the vertex of G_t while you move the slider t horizontally.
5. Find an equation of a function which describes the locus [5] of the vertices. Hint: Can the locus be described by a parabola, a straight line or a circle?

Exercise No 2

Given is the familiy of functions f_t with the equations $f_t(x) = t \cdot x + t$. Let the graphs of f_t be further called G_t.

1. Create a slider [1] $t \in [-6, 6]$. Let the increment [2] of t be 0.2 and the width of the slider be 200.
2. Enter the equation of the function f_t in the algebra input.
3. Visualize [3] the trace [4] of G_t while you move the slider horizontally.
4. The set of curves G_t has one common point. What are its coordinates?
5. For which value of t is G_t parallel to the line given by the equation $y = -2x + 1$. Hint: What do you know about the slopes of two lines, if they are parallel?

---

[1] slider - der Schieberegler

[2] increment - die Schrittweite

[3] to visualize - veranschaulichen

[4] trace - die Spur

[5] locus - die Ortslinie (in diesem Fall die Linie auf welcher alle Scheitelpunkte der Kuvenschar liegen)

Housepoint question - Due on Friday, October 17, 2008

Given are the families of functions f_t, g_t and h_t with the equations $f_t(x) = (x-t)^2 + t$, $g_t(x) = (x-2t)^2 + t$ and $h_t(x) = (x-t)^2 + 3t$. Let the graphs of these families of functions be called F_t, G_t and H_t

1. Sketch F_t, G_t and H_t on the drawing pad for one particular [6] value of t. Use a slider and the command *trace on* in order to visualize the locus of the vertices of these graphs.

2. Explore the correlation [7] of the parameter t and the locus of each of the set of curves.

3. Can you find an equation for the family of functions whichs describes the set of curves and the locus in the figure below?

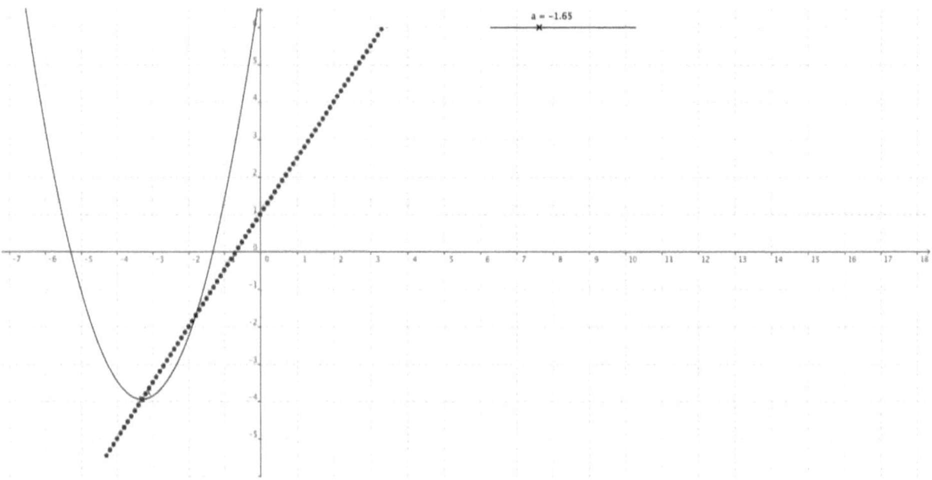

[6]particular - besonderer, spezieller
[7]correlation - der Zusammenhang

Expert Group 7's

Grade 11c - Bilingual math lesson

October 17, 2008

Task 1: Try to understand and solve the following problems in your expert groups

Given is the family of functions $f_{r,s,t}$ with the equation $f_{r,s,t}(x) = (x-r)\cdot(x-s)\cdot(x-t)$. Let the graphs of $f_{r,s,t}$ be further called $G_{r,s,t}$.

1. Create the sliders $r, s, t \in [-4, 4]$. Let the increment of r, s, t be 0.5.
2. Enter the equation of the function $f_{r,s,t}$ in the algebra input.
3. Change the position of the sliders in such a way that you see three zeros.
4. Find the intersection points of $G_{r,s,t}$ with the x-axis and show their coordinates.
5. Now play with the sliders and notice the change in the zeros (intersection points with the x-axis).
6. Can you give the coordinates of the intersection points dependent on the parameters r, s, t?
7. In which cases does $G_{r,s,t}$ have one, two or three zeros?

Task 2: Prepare a presentation in your expert groups about your topic

The presentation is for your own houses after finishing working in the expert groups. The presentation has to fulfill the following requirements:

1. Either a creation of a screencast with jingproject.com, a poster, a recorded movie with a video camera or a presentation with a laptop and GeoGebra.
2. A neat handout with the most important pieces of information.
3. Five questions in order to check whether all the members of your house have understood your presentation.

Task 3: Present the work in your own houses, tutor them and answer their questions

Expert Group 8's

Grade 11c - Bilingual math lesson

October 17, 2008

Task 1: Try to understand and solve the following problems in your expert groups

Given is the family of functions $f_{r,s}$ with the equation $f_{r,s}(x) = (x+r)^2 + s$. Let the graphs of $f_{r,s}$ be further called $G_{r,s}$.

1. Create the sliders $r, s \in [-4, 4]$. Let the increment of r, s be 0.2.
2. Enter the equation of the function $f_{r,s}$ in the algebra input.
3. Find the vertex of $G_{r,s}$ and show its coordinates.
4. Now play with the sliders and notice the vertex and the graph moving.
5. Can you find the coordinates of vertex dependent on the parameters r, s?
6. Find the zero(s) of $G_{r,s}$ and show their/its coordinates.
7. Can you find any correlation[1] of the coordinates of the zero and the coordinates of the vertex? Hint: Take a look at the x- and y-coordinates separately.

Task 2: Prepare a presentation in your expert groups about your topic

The presentation is for your own houses after finishing working in the expert groups. The presentation has to fulfill the following requirements:

1. Either a creation of a screencast with jingproject.com, a poster, a recorded movie with a video camera or a presentation with a laptop and GeoGebra.
2. A neat handout with the most important pieces of information.
3. Five questions in order to check whether all the members of your house have understood your presentation.

Task 3: Present the work in your own houses, tutor them and answer their questions

[1] correlation - der Zusammenhang

Expert Group 9's

Grade 11c - Bilingual math lesson

October 17, 2008

Task 1: Try to understand and solve the following problems in your expert groups

Given is the parabola f with the equation $f(x) = x^2$ and the family of functions g_r with the equation $g_r(x) = r \cdot x^2$. Let the graph of f be called F and let the graph of g_r be further called G_r.

1. Sketch F on the drawing pad.
2. Show the point on the parabola F, where $x = 2$. Hint: You can enter the new point $A(\overbrace{2}^{\text{since x=2}}|f(2))$.
3. Show name and value of A on the drawing pad. Then colour A and F in red.
4. Create the slider $r \in [-4, 4]$. Let the increment of r be 0.2.
5. Enter the equation of the function g_r in the algebra input.
6. Show the point on G_r where $x = 2$. Hint: You can enter the new point $B(2|g(2))$. Show also name and value of B. Then colour B and G_r in blue.
7. Now play with the slider and notice in which way the points are moving.
8. Can you find any correlation[1] between the parameter r and the coordinates of A and B?
9. If you have an assumption[2] then try to verify it with two other points, maybe $C = (1.7|f(1.7))\dots$

Task 2: Prepare a presentation in your expert groups about your topic

The presentation is for your own houses after finishing working in the expert groups. The presentation has to fulfill the following requirements:

1. Either a creation of a screencast with jingproject.com, a poster, a recorded movie with a video camera or a presentation with a laptop and GeoGebra.
2. A neat handout with the most important pieces of information.
3. Five questions in order to check whether all the members of your house have understood your presentation.

Task 3: Present the work in your own houses, tutor them and answer their questions

[1] correlation - der Zusammenhang
[2] assumption - die Vermutung

Expert Group 10's

Grade 11c - Bilingual math lesson

October 17, 2008

Task 1: Try to understand and solve the following problems in your expert groups

Given is the family of functions $f_{r,s,t}$ with the equation $f_{r,s,t}(x) = x^r + x^s + x^t$. Let the graph of $f_{r,s,t}$ be called $G_{r,s,t}$.

1. Create the sliders $r, s, t \in [1, 5]$. Let the increment of r, s, t be 1.

2. Sketch $G_{r,s,t}$ on the drawing pad.

   From grade six you know line reflections[1] and and point reflections[2]. Let the y-axis be the straight line of a line reflection and the point $P(0|0)$ be the point of the point reflection. If you perform a line reflection with one graph of a function and it is mapped[3] on itself, then you call the graph symmetric to the y-axis. If you perform a point reflection with a graph and it is mapped on itself, then you call the graph symmetric to the origin[4].

3. Now play with the sliders and notice in which way the graph is changing. Can you find positions of the sliders so that $G_{r,s,t}$ is symmetric to the y-axis or to the origin?

4. Can you find any correlation[5] between the values of the paramters and the symmetry? Maybe you find some assumption[6] like: If $r = \ldots$ then the graph is symmetric to the origin.

5. If a graph is symmetric, compare $f(x), f(-x)$ and $-f(-x)$ for specific x-values, i.e.[7] you choose for example $x = 2$ and then calculate $f(2), f(-2)$ and $-f(-2)$. If you want to compare the values you have to click on the *algebra window* in the menu *view*.

6. Can you find any rule for symmetry?

---

[1] line reflection - die Achsenspiegelung
[2] point reflection - die Punktspiegelung
[3] to map - abbilden
[4] origin - der Ursprung
[5] correlation - der Zusammenhang
[6] assumption - die Vermutung
[7] i.e. - comes from id est in latin language - das heißt

Task 2: Prepare a presentation in your expert groups about your topic

The presentation is for your own houses after finishing working in the expert groups. The presentation has to fulfill the following requirements:

1. Either a creation of a screencast with jingproject.com, a poster, a recorded movie with a video camera or a presentation with a laptop and GeoGebra.

2. A neat handout with the most important pieces of information.

3. Five questions in order to check whether all the members of your house have understood your presentation.

Task 3: Present the work in your own houses, tutor them and answer their questions

Expert Group Jacks

Grade 11c - Bilingual math lesson

October 17, 2008

Task 1: Try to understand and solve the following problems in your expert groups

Given is the family of functions $f_{a,b,c}$ with the equation $f_{a,b,c}(x) = ax^2 + bx + c$. Let the graph of $f_{a,b,c}$ be called $G_{a,b,c}$.

1. Create the sliders $a, b, c \in [-5, 5]$. Let the increment of a, b, c be 0.1.
2. Sketch $G_{a,b,c}$ on the drawing pad.
3. Find the vertex and then show its coordinates on the drawing pad.
4. Find the locus of the vertex while you change one parameter at a time.
5. Try to find a correlation of the equation of the locus and the parameters. Notice that you always have to keep two parameters fixed and change only the slider of the free one.
6. Can you find a rule like: If a and b are fix and c is variable, then the equation of the locus is $y = \ldots$

Task 2: Prepare a presentation in your expert groups about your topic

The presentation is for your own houses after finishing working in the expert groups. The presentation has to fulfill the following requirements:

1. Either a creation of a screencast with jingproject.com, a poster, a recorded movie with a video camera or a presentation with a laptop and GeoGebra.
2. A neat handout with the most important pieces of information.
3. Five questions in order to check whether all the members of your house have understood your presentation.

Task 3: Present the work in your own houses, tutor them and answer their questions

Expert Group Queens

Grade 11c - Bilingual math lesson

October 17, 2008

Task 1: Try to understand and solve the following problems in your expert groups

Given are the families of functions f_t, g_t h_t with the equations $f_t(x) = t \cdot x + t$, $g_t(x) = t \cdot x + 2t$ and $h_t(x) = t \cdot x + 3t + 1$ Let the graph of f_t, g_t and h_t be called F_t, G_t and H_t.

1. Create a slider $t \in [-4, 4]$. Let the increment of t be 0.2.
2. Enter the equations of f_t, g_t h_t in the algebra input.
3. Now trace each of the set of lines separately. Each set of lines has one common point. Write down their respective coordinates.
4. Explore the correlation[1] of the coordinates of the point and the respective equation of the family of functions. Can you find any rule?
5. Can you find an equation for a set of curves, which consists of straight lines and they all have one common point with the coordinates $P(1, 2)$?
6. Can you find a equation for the set of curves which is illustrated below?

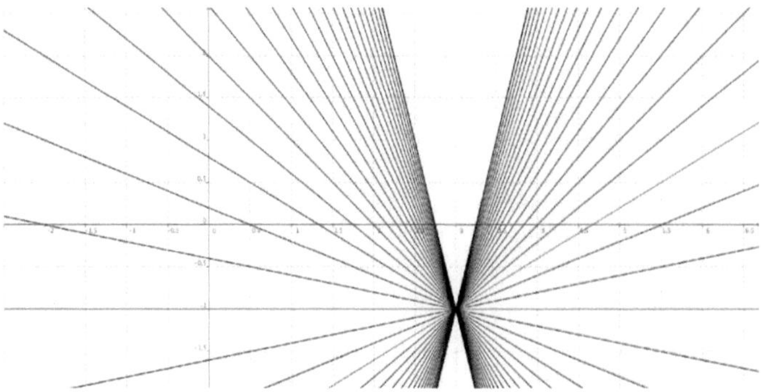

[1]correlation - der Zusammenhang

Task 2: Prepare a presentation in your expert groups about your topic

The presentation is for your own houses after finishing working in the expert groups. The presentation has to fulfill the following requirements:

1. Either a creation of a screencast with jingproject.com, a poster, a recorded movie with a video camera or a presentation with a laptop and GeoGebra.
2. A neat handout with the most important pieces of information.
3. Five questions in order to check whether all the members of your house have understood your presentation.

Task 3: Present the work in your own houses, tutor them and answer their questions

Expert Group Kings

Grade 11c - Bilingual math lesson

October 17, 2008

Task 1: Try to understand and solve the following problems in your expert groups

Given are the line $l_{a,b}$ with the equation $\frac{x^2}{a^2} + \frac{y^2}{b^2} = 1$ and the line m_c with the equation $x^2 + y^2 = c^2$. Let the graphs of the lines be further called $L_{a,b}$ and M_c.

1. Create the sliders a, b and $c \in [1, 9]$. Let the increment of a, b and c be 1.
2. Enter the equation of the line $l_{a,b}$ in the algebra input.
3. Find the intersection points of $L_{a,b}$ with the coordinate axes. Show the values and the names on the drawing pad.
4. Use the slider and explore the correlation[1] of the coordinates of the intersection points and the paramters a and b.
5. What geometric shapes[2] can you obtain[3] by moving the slider?
6. Enter the equation of the line m_c in the algebra input of a new window.
7. Explore the interrelation[4] of the radius and the parameter c.

Task 2: Prepare a presentation in your expert groups about your topic

The presentation is for your own houses after finishing working in the expert groups. The presentation has to fulfill the following requirements:

1. Either a creation of a screencast with jingproject.com, a poster, a recorded movie with a video camera or a presentation with a laptop and GeoGebra.
2. A neat handout with the most important pieces of information.
3. Five questions in order to check whether all the members of your house have understood your presentation.

Task 3: Present the work in your own houses, tutor them and answer their questions

---

[1] correlation - der Zusammenhang
[2] shape - die Form, die Figur
[3] to obtain - erhalten
[4] interrelation - die Wechselbeziehung

Bilingual Math Quiz

Grade 11c - Bilingual math lesson

October 24, 2008

Exercise No 1

Given is the function f_a with the equation $f_a(x) = (x - 2.5) \cdot (x + 3) \cdot (x - a)$.

1. Find the zeros of the graph of f .
2. How many zeros does the graph of f have dependent on a?

Exercise No 2

Given is the family of functions g_r with the equation $g_r(x) = r \cdot x^2$.

1. If $r = 2$, find $g(1.5)$
2. If $g(2) = 6$, find r.

Exercise No 3

Given is the family of functions f_a with the equation $f_a(x) = (x - a)^2 + 2.5$ and the function g with the equation $g(x) = (x - 1.5)^2 + 5$. Let the graphs of f and g and be further called F and G.

1. What is the vertex of G
2. The graph F has the two zeros $x_1 = 1$ and $x_2 = -2.5$. Find the equation of the function f which fulfills this particular condition. Hint: What do you know about the x-value of the vertex and the zeros of the graph...

Exercise No 4

1. Where does the line given by the equation $x^2 + y^2 = 2$ intersect the coordinate axes. Give the intersection points. What geometric shape[1] does the line have?
2. Find the equations of the lines of the circle and the ellipse on next page.

[1] shape - Form

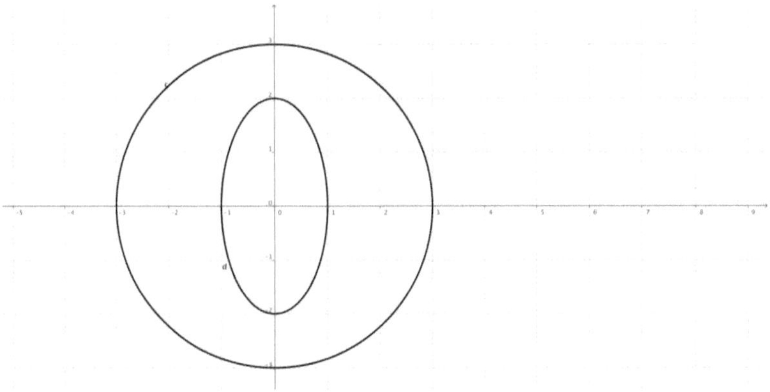

Exercise No 5

1. Through which common point does the family of straight lines with the equation $f(x) = t \cdot x + 3t - 2$ go?

2. Find the equation of the family of functions which represents the family of straight lines on the graph below.

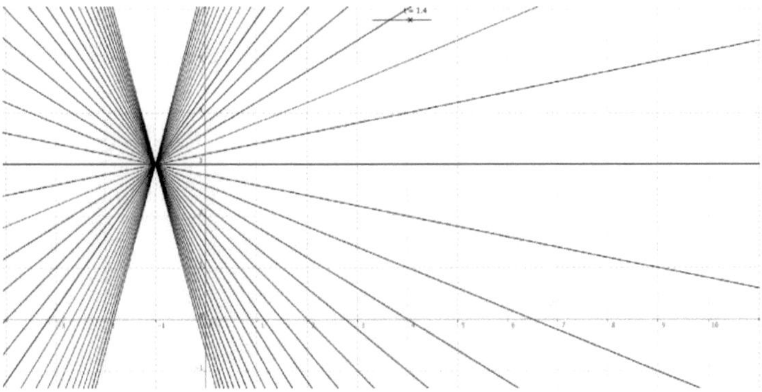

Exercise No 6

Given is the family of functions f_b with the equation $f_b(x) = x^2 + bx + 1$. The locus is the line you get if you trace the vertex while changing the value of b.

1. What kind of line is the locus of the vertex?

2. Find the equation which represents the locus of the vertex.

Exercise No 7

1. Does the graph of the function f with the equation $f(x) = x^{17} - x^{13} + x^3$ have any characteristics of symmetry? If yes, which kind of symmetry does the graph have? What do you know about symmetry concerning $f(x), f(-x), -f(-x)$?

2. Give any equation for a function of a graph which is symmetric to the y-axis.

Feedback - Bilingualer Mathematikunterricht 11c - 2008/2009

Notenskala	1	1-	1-2	2+	2	2-	2-3	3+	3	3-	3-4	4+	4	4-	4-5	5+	5	5-	5-6	6+	6
Der bilinguale Unterricht war motivierend:			X																		
Stunden waren gut vorbereitet:		X																			
Das Thema war interessant:				X																	
Die Tutorials waren hilfreich:			X																		
Lehrer kann gut erklären:			X																		
Lehrer geht auf Schülerbeiträge ein:	X																				
Themen und Inhalte werden sinnvoll aufgebaut:			X																		
Einsatz und Umgang mit Medien:			X																		
Die Aussprache des Lehrers:				X																	

Hier noch einige Fragen:

1. Würdest du den bilingualen Mathematik anderen Mitschülern für eine begrenzte Zeit weiterempfehlen und wenn ja, mit welchen Argumenten? Ja, da Mathe so mal anders ist, Spaß macht und motivierender ist.

2. Was hat dir besonders gut gefallen?
Die Gruppenarbeiten und das Verwenden von Geogebra.

3. Was könnte man deiner Meinung nach besser machen?
Nach Expert Group Aufgaben das Thema nochmal zusammen durchgehen und nicht am Tag danach einen Test schreiben :-) Manchmal läuft mit den Videos doch mal was schief und dann sind manche benachteiligt.

4. Gibt es noch etwas, was du mir mitteilen möchtest?
Info-Austausch per Homepage war sehr gut! (Tutorials, Housepoints, ...)